U0315954

RAL·NEU 研究报告　No.0012

基于超快冷技术含 Nb 钢组织性能控制及应用

轧制技术及连轧自动化国家重点实验室
（东北大学）

北　京

冶 金 工 业 出 版 社

2015

内 容 简 介

本书以基于超快冷技术的新一代 TMCP 工艺为基础,以低碳含铌(Nb)钢为研究对象,针对含 Nb 钢生产中存在的问题,系统地研究了超快冷对奥氏体再结晶的影响,超快冷对相变行为的影响及超快冷条件下铌的析出特性,并建立了超快冷条件下含 Nb 钢的析出热力学和动力学数学模型,明确了基于超快冷技术含 Nb 钢的强化机理。本书所研究内容为含铌钢的低成本、降负荷、高效率生产提供了全新的思路,具有重要的理论意义和应用价值。

本书可供材料、冶金、机械、化工等部门的科技人员及高等院校有关专业师生参考。

图书在版编目(CIP)数据

基于超快冷技术含 Nb 钢组织性能控制及应用/轧制技术及连轧自动化国家重点实验室(东北大学)著 . —北京:冶金工业出版社,2015.10

(RAL·NEU 研究报告)

ISBN 978-7-5024-7012-8

Ⅰ.① 基… Ⅱ.①轧… Ⅲ.①钢—组织性能(材料)—性能控制 Ⅳ.①TG142.7

中国版本图书馆 CIP 数据核字(2015)第 237139 号

出 版 人 谭学余
地 址 北京市东城区嵩祝院北巷 39 号 邮编 100009 电话 (010)64027926
网 址 www.cnmip.com.cn 电子信箱 yjcbs@cnmip.com.cn
策 划 任静波 责任编辑 卢 敏 李培禄 美术编辑 彭子赫
版式设计 孙跃红 责任校对 卿文春 责任印制 牛晓波
ISBN 978-7-5024-7012-8
冶金工业出版社出版发行;各地新华书店经销;三河市双峰印刷装订有限公司印刷
2015 年 10 月第 1 版,2015 年 10 月第 1 次印刷
169mm×239mm;7.75 印张;120 千字;106 页
45.00 元

冶金工业出版社 投稿电话 (010)64027932 投稿信箱 tougao@cnmip.com.cn
冶金工业出版社营销中心 电话 (010)64044283 传真 (010)64027893
冶金书店 地址 北京市东四西大街 46 号(100010) 电话 (010)65289081(兼传真)
冶金工业出版社天猫旗舰店 yjgycbs.tmall.com
(本书如有印装质量问题,本社营销中心负责退换)

研究项目概述

1. 研究项目背景与立题依据

随着国民经济的发展，各行业对钢铁工业提出越来越高的要求。含 Nb 钢由于其广泛应用于汽车、桥梁、造船、航天等诸多领域，成为各大钢厂竞相开发的核心产品。然而近年来，由于 Nb 的广泛应用及资源的日益消耗殆尽，Nb 铁的价格越来越高，已经达到 30 万元/吨。解决该问题的途径有两个：第一，找出一种替代元素；第二，降低 Nb 元素的使用量。目前，由于 Nb 元素在钢中的固溶强化、细晶强化、析出强化等强化机制还没有任何一种元素可以完全代替，因此降低 Nb 元素的使用量是钢铁企业降低成本、缓解能源危机的唯一有效途径。

在传统控制轧制和控制冷却条件下，含 Nb 钢在生产过程中存在以下几个问题：第一，奥氏体化温度较高，且 Nb 含量越高，奥氏体化温度越高，在加热炉内保温时间越长；第二，由于含 Nb 钢轧制时如果不采用两阶段的控轧工艺，极容易产生混晶组织，使钢材的强韧性大幅度恶化，因此均采用中间坯待温的控制轧制工艺，由于中间坯待温大大延长了轧制时间，降低了轧制节奏，且由于终轧温度的降低，导致轧机负荷大大增加，降低了轧辊的使用寿命；第三，由于采用中间坯待温的低温控轧工艺，贵重的 Nb 元素绝大多数在奥氏体中应变诱导析出，奥氏体中析出的 $Nb(C,N)$ 粒子较大，其析出强化的作用受到了一定程度的限制。

东北大学王国栋院士率先提出了基于超快冷技术的新一代 TMCP 工艺，将该技术应用于含 Nb 钢的生产，可以有效降低 Nb 的使用量，并在一定程度上解决含 Nb 钢生产过程中存在的上述问题。

超快速冷却（简称"超快冷"或"UFC"）是一种冷却能力极强的控制冷却技术，3mm 厚的钢板最大冷却速度可达到 400℃/s，并且能够实现温度和组织的均匀性控制。以超快冷技术为核心的新一代 TMCP 技术可以使 Nb 元素对强韧性的贡献发挥到极致，是生产低成本高强钢的最有效途径之一。该技术开发含 Nb 钢的中心思想是：（1）在奥氏体区间，趁热打铁，在适于变形的温度区间完成连续大变形和应变积累，得到硬化的奥氏体；（2）轧后立即进行超快冷，使轧件迅速通过奥氏体相区，保持轧件奥氏体硬化状态；（3）在奥氏体向铁素体或贝氏体相变过程中终止冷却，使 Nb 元素不具备在奥氏体中析出的动力学条件，并在铁素体或贝氏体相变过程中析出；（4）后续依照材料组织和性能的需要进行冷却路径的控制。

本研究的意义主要体现在：（1）超快冷的应用容易实现细晶强化和相变强化，同时使 Nb 元素的析出强化作用发挥到极致，提高钢材的力学性能，降低微合金元素 Nb 的使用量，降低生产成本，实现成本减量化，为我国资源的可持续发展作出重要贡献；（2）由于 Nb 含量的降低，钢材的固溶温度降低，可以降低钢材在加热炉中的加热温度或缩短钢材在加热炉内的保温时间，降低热能消耗；（3）由于 Nb 元素使用量的降低，降低了混晶现象发生的几率；（4）终轧温度的提高降低了轧机负荷，提高了工业生产的轧制节奏，提高了生产效率；（5）超快冷条件下含 Nb 钢的再结晶行为、相变行为以及低温析出行为的研究有利于指导低成本含 Nb 钢的开发；（6）所建立数学模型为基于超快冷技术的柔性化组织-性能预测提供了必要补充。

基于以上分析，在王国栋院士学术思想的指导下，在国家自然科学基金青年基金项目"超快冷条件下含 Nb 钢析出行为机理及模型研究"和中央高校基本科研业务费项目"超快冷条件下高钢级管线钢析出与相变交互作用机理研究"的支持下，针对含 Nb 钢生产中存在的问题，系统研究了超快冷对奥氏体再结晶、相变和析出的影响规律和机理并建立了相应的数学模型，明确了基于超快冷技术含 Nb 钢的强化机理，在一定程度上解决了含 Nb 钢生产中存在的合金成本高、轧机负荷大、生产效率低等问题。

2. 研究进展与成果

本研究报告以低 C 含 Nb 钢为研究对象，采用热模拟实验和热轧实验研究了超快冷条件下含 Nb 钢的组织性能演变机理，并应用于现场，取得了显著的效益，主要研究进展及成果如下：

（1）研究了实验钢的动态软化行为并建立了高精度的数学模型；确定了不同道次间隔时间条件下的未再结晶温度 T_{nr}，并给出了其随道次间隔时间的变化规律：对于同一成分的钢，在道次应变量、应变速率恒定时，道次间隔时间越长，T_{nr} 越低。为实验钢在未再结晶区的轧制工艺制定提供了理论依据。

（2）Nb 在奥氏体中析出的开始时间和析出结束时间随着变形温度的降低，先缩短后变长，在 910℃ 左右变形时，实验钢的析出开始时间最短。

（3）较大的冷却速率（超快冷）可以将变形后的硬化奥氏体保留至相变前，从而能够为铁素体相变提供更多的形核位置，起到细化相变后晶粒的作用。

（4）确定了实验钢的 CCT 曲线，实验钢变形后分别模拟超快冷（40℃/s）和层流冷却（10℃/s），在 680℃ 保温时，随保温时间的延长，多边形铁素体含量均增多，但二者增速不同，冷却速率为 40℃/s 冷却时，多边形铁素体含量增加较快；在 600℃ 保温时，40℃/s 冷速下获得的组织为针状铁素体和贝氏体，而 10℃/s 冷速下为多边形铁素体、针状铁素体和贝氏体；表明大冷速抑制了多边形铁素体相变，有利于低温相变组织的获得。

（5）实验钢变形后采用两段式冷却，当前段冷速达到 30℃/s 时，继续增大冷速，对最终相变组织影响不大。

（6）在高温（910℃）变形时，应变诱导 Nb（C，N）析出需要一定的孕育时间，可以采用超快冷在变形后迅速冷却到相变区，抑制 Nb（C，N）在奥氏体中的析出。当等温时间延长到 30s 时，析出粒子数量增多，平均晶粒尺寸增大为 12.9nm。

（7）超快冷至铁素体相区保温 1s、10s 和 30s 时，析出相粒子的密度分别为 $201\mu m^{-2}$、$311\mu m^{-2}$ 和 $373\mu m^{-2}$，平均尺寸分别为 5.5nm、6.9nm 和 8.1nm；超快冷至贝氏体相区保温 1s、10s 和 30s 时，析出粒子的密度分别为 $100\mu m^{-2}$、$178\mu m^{-2}$ 和 $204\mu m^{-2}$，平均尺寸分别为 4.8nm、6.6nm 和 7.1nm。

（8）针对 Fe-Nb-C-N 系统，充分考虑 Nb 在铁素体相区的固溶度积和扩散系数，建立了全新的超快冷条件下含 Nb 钢的析出动力学数学模型，模型精度较高。超快冷条件下，Nb（C，N）在铁素体中析出时最大形核率温度为 620℃，最快沉淀析出温度为 700℃。

（9）实验船板钢轧后采用层流冷却，最终组织为多边形铁素体和珠光体；采用超快冷技术以后，实验钢组织中出现了低温相变组织针状铁素体、贝氏体。超快冷技术可以充分利用细晶强化、相变强化、位错强化等强化手段，提高钢材的强韧性。

（10）对于 X70 级管线钢，超快冷使晶界取向差大于 15°的有效晶粒尺寸得到了细化，采用超快冷工艺生产的低成本无 Mo 管线钢强韧性略高于传统工艺生产的含 Mo 管线钢。

（11）工业化生产结果表明，超快冷实现了含 Nb 船板钢 AH32 升级 AH36；实现了含 Nb 高钢级管线钢无/少 Mo 的成分设计，降低了生产成本；实现了含 Nb 汽车大梁钢的高温、低负荷、高效率轧制。

（12）研究成果的评价如下：

2012 年 12 月 9 日，湖南省科学技术厅在北京组织召开了由湖南华菱涟源钢铁有限公司和东北大学共同完成的"高品质节约型热轧钢材生产技术与装备的研发及应用"项目科技成果鉴定会。鉴定委员会专家一致认为，该项目技术总体达到"国际先进水平"，该鉴定项目中的节约型管线钢是依据本研究的基本理论开发的。该项目 2014 年获得湖南省科技进步一等奖。

2013 年 6 月 20 日，受辽宁省科技厅委托，鞍山市科技局在辽宁省鞍山市主持召开了"鞍钢节约型高性能中厚板 UFC-TMCP 工艺技术开发及应用"省级科技成果鉴定会。经过质询和认真讨论，对项目的工作给予高度评价，认为项目达到了"国际领先水平"。本鉴定项目中的减量化船板钢的开发也是基于本研究开发的。

3. 论文与专利

论文：

（1）周晓光，刘振宇，吴迪，王国栋. 控制冷却对 C-Mn 钢力学性能的影响[J]. 东北大学学报（自然科学版），2010，31(3):362～365.

（2）Min Lu, Xiaoguang Zhou, Zhenyu Liu, Guodong Wang. Effect of ultra fast cooling after rolling on yield ratio of X80 pipeline steel[C]. Proceeding of the 10th international conference on steel rolling, 2010, 389～393, Beijing.

（3）Bin Wang, Xiaoguang Zhou, Zhenyu Liu, Guodong Wang. Improvements of mechanical properties of medium carbon steels by ultra fast cooling[C]. Proceeding of the 10th international conference on steel rolling. 2010, 774~778, Beijing.

（4）王斌，周晓光，刘振宇，王国栋. 超快速冷却对中碳钢组织和性能的影响[J]. 东北大学学报（自然科学版），2011，32(1):48~51.

（5）卢敏，周晓光，刘振宇，王国栋，狄国标. 冷却工艺对 X80 级抗大变形管线钢组织性能的影响[J]、材料热处理学报，2011，32(7):83~88.

（6）周晓光，卢敏，刘振宇，王国栋. 超快冷对 X80 管线钢屈强比的影响[J]. 东北大学学报（自然科学版），2012，33(2):199~202.

（7）王斌，刘振宇，周晓光，王国栋. 轧后冷却路径对中碳钢扩孔性能的影响[J]. 金属学报，2012，48(4):435~440.

（8）Hao Yang, Xiaoguang Zhou, Zhenyu Liu, Guodong Wang. Effect of ultra-fast cooling process on microstructure and mechanical properties for 36kg high strength ship plate[C]. Asia steel international conference 2012, 2012, Z088-1. Beijing.

（9）Bin Wang, Zhenyu Liu, Xiaoguang Zhou, Guodong Wang. Microstructure control for spheroidization of medium carbon steels with high hole-expansion property by ultra fast cooling[C]. Asia steel international conference 2012, 2012, Z097-10. Beijing.

（10）周晓光，刘振宇，吴迪，王国栋. 超快速冷却终止温度对 X80 管线钢组织和性能的影响[J]. 机械工程材料，2012，36(10):5~7.

（11）王斌，刘振宇，周晓光，王国栋. 超快速冷却条件下亚共析钢中纳米级渗碳体析出的相变驱动力计算[J]. 金属学报，2013，49(1):26~34.

（12）杨浩，周晓光，刘振宇，王国栋. Nb 在超快冷条件下的低温析出行为[J]. 钢铁，2013，48(1):75~81.

（13）Bin Wang, Zhenyu Liu, Xiaoguang Zhou, Guodong Wang, R. D. K. Misra. Precipitation behavior of nanoscale cementite in hypoeutectoid steels during ultra fast cooling （UFC） and their strengthening effects[J]. Materials Science & Engineering A, 2013, 575: 189~198.

（14）刘振宇，唐帅，周晓光，衣海龙，王国栋. 新一代 TMCP 工艺下热轧钢材显微组织的基本原理[J]. 中国冶金，2013，23(4):10~16.

（15）Bin Wang, Zhenyu Liu, Xiaoguang Zhou, Guodong Wang, R. D. K. Misra.

Precipitation behavior of nanoscale cementite in 0. 17% carbon steel during ultra fast cooling（UFC）and thermomechanical treatment（TMT）[J]. Materials Science & Engineering A, 2013, 588: 167~174.

（16）Bin Wang, Zhenyu Liu, Xiaoguang Zhou, Guodong Wang. Improvement of hole-expansion property for medium carbon steels by ultra fast cooling after hot strip rolling[J]. Journal of Iron and Steel Research, 2013, 20(6):25~32.

（17）周晓光，王猛，刘振宇，吴迪，王国栋. 超快冷对 X70 管线钢组织和性能的影响[J]. 材料热处理学报，2013，34(9):80~84.

（18）Xiaoguang Zhou, Zhenyu Liu, Shengyong Song, Di Wu, Guodong Wang. Upgrade rolling based on ultra fast cooling technology for C-Mn Steel[J]. Journal of Iron and Steel Research, 2014, 21(1):86~90.

（19）周晓光，曾才有，杨浩，刘振宇，吴迪，王国栋. 超快冷条件下 X80 管线钢的组织性能[J]. 中南大学学报（自然科学版），2014，45(9): 2972~2976.

（20）周晓光，王猛，刘振宇，杨浩，吴迪，王国栋. 超快冷条件下含 Nb 钢铁素体相变区析出及模型研究[J]. 材料工程，2014，9: 1~7.

（21）周晓光，曾才有，徐少华，杨浩，刘振宇，吴迪，王国栋. 控制冷却对含 Nb 钢组织性能的影响研究[J]. 机械工程学报，2014，50(22):57~62.

（22）王斌，刘振宇，冯杰，周晓光，王国栋. 超快速冷却条件下碳素钢中纳米渗碳体的析出行为和强化作用[J]. 金属学报，2014，50(6):652~658.

（23）王斌，刘振宇，冯杰，周晓光，王国栋. 超快冷对碳素钢中渗碳体析出强化行为的影响[J]. 材料研究学报，2014，28(5):346~352.

专利：

（1）刘振宇，周晓光，卢敏，王国栋，吴迪. 一种低屈强比 X80 级管线钢及其制造方法，2011-09-21，中国，ZL201010101105. 8。

（2）周明伟，王国栋，廖志，陈建新，袁国，胡大，刘建华，王慎德，周晓光，龙明建，汪净，肖尊湖，温德智，刘振宇，李海军. 一种 X70 管线

钢热轧钢卷的生产方法，2014-05-28，中国，ZL201210138675.3。

（3）刘振宇，王斌，周晓光，王国栋. 一种利用纳米渗碳析出提高中低碳钢强度的方法，2015-01-07，中国，ZL201310289495.X。

4. 项目完成人员

主要完成人员	职 称	单 位
王国栋	中国工程院院士、教授	东北大学 RAL 国家重点实验室
刘振宇	教授	东北大学 RAL 国家重点实验室
周晓光	副教授	东北大学 RAL 国家重点实验室
王猛	博士生	东北大学 RAL 国家重点实验室
杨浩	博士生	东北大学 RAL 国家重点实验室
徐少华	硕士生	东北大学 RAL 国家重点实验室
王斌	博士后	东北大学 RAL 国家重点实验室
曾才有	硕士生	东北大学 RAL 国家重点实验室

5. 报告执笔人

周晓光、王猛、杨浩、徐少华。

6. 致谢

本研究报告是在王国栋院士，刘振宇教授的指导下完成的。两位教授从基本理论的提出、实验方案的设计等方面给予了无私的帮助，在这里表示衷心的感谢！

感谢国家自然科学基金青年基金项目"超快冷条件下含 Nb 钢析出行为机理及模型研究"和中央高校基本科研业务费项目"超快冷条件下高钢级管线钢析出与相变交互作用机理研究"对本工作给予的资助！感谢课题组的邱以清副教授、蔡晓辉副教授、衣海龙副教授、贾涛副教授、曹光明副教授、刘海涛副教授、唐帅副教授、李成刚老师、叶其斌博士后等的大力支持与帮助。

感谢博士后王斌，博士研究生杨浩、王猛，硕士研究生徐少华、曾才有、蒋小冬、马良宇等同学在本研究中所做的大量的具体工作！感谢涟钢刘旭辉博士、李会首席，鞍钢陈军平高工等提供的耐心指导。

最后再次感谢东北大学轧制技术及连轧自动化国家重点实验室各位老师以及所有给予支持、关心和帮助的老师、同学和朋友们！

目　录

摘　　要

含 Nb 钢由于其广泛应用于汽车、桥梁、造船、航天等诸多领域，成为各大钢厂和科研院所竞相研发的热门产品。近年来，由于 Nb 的广泛应用，Nb 铁的价格越来越高，同时含 Nb 钢轧制过程中出现的奥氏体化温度高、轧机负荷大、轧制效率低、易发生混晶等问题越来越显著。以超快冷为核心的新一代 TMCP 技术可以更好地发挥 Nb 元素对强韧性的贡献，是解决含 Nb 钢轧制过程中所遇上述问题的有效途径之一。本研究报告结合生产实际并以国家自然科学基金项目"超快冷条件下含 Nb 钢析出行为机理及模型研究"和中央高校基本科研业务费项目"超快冷条件下高钢级管线钢析出与相变交互作用机理研究"为研究背景，研究了超快冷条件下含 Nb 钢的奥氏体再结晶行为、相变行为和微合金析出行为，建立了相应的数学模型。给出了可充分发挥 Nb 的细晶强化、相变强化和析出强化效果的最优轧制和超快冷工艺制度。本研究报告取得了如下研究结果：

（1）研究了实验钢的动态软化行为并建立的高精度的数学模型；确定了不同道次间隔时间条件下的未再结晶温度 T_{nr}，并给出了其随道次间隔时间的变化规律，Nb 在奥氏体中析出的开始时间和析出结束时间随着变形温度的降低，先缩短后变长，在 910℃ 左右变形时，实验钢的析出开始时间最短。

（2）较大的冷却速率（超快冷）可以将变形后的硬化奥氏体保留至相变前，从而能够为铁素体相变提供更多的形核位置，起到细化相变后晶粒的作用。

（3）确定了实验钢的 CCT 曲线，实验钢变形后分别模拟超快冷（40℃/s）和层流冷却（10℃/s），在 680℃ 保温时，随保温时间的延长，多边形铁素体含量均增多，但以 40℃/s 冷却时多边形铁素体含量增加较快；在 600℃ 保温时，40℃/s 冷速下获得的组织为针状铁素体和贝氏体，而 10℃/s 冷速下为多边形铁素体、针状铁素体和贝氏体；表明：大冷速抑制了多边形铁素体相变，有利于低温相变组织的获得。实验钢变形后采用两段式冷却，当前段冷速达到30℃/s时，继续增大冷速，对最终相变组织影响不大。

（4）超快冷可抑制Nb在奥氏体中析出；超快冷至铁素体或贝氏体相区，随着保温时间的延长，析出相粒子密度增加，体积分数增多，析出粒子尺寸增大；随着超快冷终冷温度的降低，析出粒子密度先增加后减小，析出体积分数逐渐减小，析出物尺寸逐渐减小。

（5）针对Fe-Nb-C-N系统，充分考虑Nb在铁素体相区的固溶度积和扩散系数，建立了全新的超快冷条件下含Nb钢的析出动力学数学模型，模型精度较高。超快冷条件下，Nb(C,N)在铁素体中析出时最大形核率温度为620℃，最快沉淀析出温度为700℃。

（6）实验船板钢轧后采用层流冷却，最终组织为多边形铁素体和珠光体；采用超快冷技术以后，实验钢组织中出现了低温相变组织针状铁素体、贝氏体。超快冷技术可以充分利用细晶强化、相变强化、位错强化等强化手段，提高钢材的强韧性。

（7）对于X70级管线钢，超快冷使晶界取向差大于15°的有效晶粒尺寸得到了细化，采用超快冷工艺生产的低成本无Mo管线钢强韧性略高于传统工艺生产的含Mo管线钢。

（8）该研究成果在工业现场实现了应用。实现了含Nb船板钢AH32升级AH36；实现了含Nb高钢级管线钢无/少Mo的成分设计，降低了生产成本；实现了含Nb汽车大梁钢的高温、低负荷、高效率轧制。

关键词：含Nb钢；超快冷；再结晶；相变；析出；强化；数学模型

1 绪 论

随着国民经济的发展，各行业对钢铁工业提出越来越高的要求。含 Nb 钢由于其广泛应用于汽车、桥梁、造船、航天等诸多领域，成为各大钢厂竞相开发的高端产品。然而近年来，由于 Nb 的广泛应用以及资源的日益消耗殆尽，Nb 铁的价格越来越高。解决该问题的途径有两个：第一，找出一种替代元素；第二，降低 Nb 元素的使用量。目前，由于 Nb 元素在钢中的固溶强化、细晶强化、析出强化等强化机制还没有任何一种元素可以完全代替。因此降低 Nb 元素的使用量或提高钢材力学性能是钢铁企业降低成本，缓解能源危机的唯一有效途径。

1.1 微合金化钢发展的现状

1.1.1 微合金化钢的概念

钢铁结构材料中最具活力和创造性、发展最快的是低合金高强度钢，特别是微合金钢。在钢中添加微量（单独或复合加入含量少于 0.1%）的合金化元素（Nb、V、Ti 等），形成相对稳定的碳化物和氮化物，从而在钢中产生晶粒细化和析出强化效果，使屈服强度较碳素钢和碳锰钢提高 2~3 倍的钢类被称为微合金化钢。这类钢由于使用的合金元素不多，钢的生产成本增加少，但却能大大改善钢的性能，因此受到重视并被广泛应用。

"微合金"的意思是这些元素的含量相当低，合金元素总量通常低于 0.1%。微合金不像微量元素，它是为提高钢的性能而特意添加的。和其他合金元素相比，其合金含量不同，其特有的冶金效果也不同，合金元素主要影响钢的基体，而微合金元素除了对溶剂的拖拽牵制效应，还通过第二相的析出影响显微组织，在低温时起到析出强化的作用。微合金钢是将轧钢和热处理工艺结合为一体，在控制轧制条件下发展起来的新型钢种。

在控制轧制中使用最多的微合金化元素是 Nb、V、Ti，有时还包括 B、Al、Cu、Cr、Mo 及 RE。这些元素在元素周期表中的位置比较接近，与 C、N 都有较强的结合力，形成碳化物、碳化物及碳氮化物。钢在加热时，Nb、V、Ti 微合金化元素的碳、氮化物会随温度的升高而逐渐溶解到奥氏体中；钢在冷却时，它们在奥氏体中的溶解度会随温度的降低而减小，从而大量、细小析出。细小弥散析出的粒子能对钢的性能起到很好的改善作用。

一般来说，钢中添加的 Nb、V、Ti 等微合金元素对奥氏体晶粒细化、再结晶行为、位错密度、$\gamma \rightarrow \alpha$ 的相变速度以及织构等都产生了不同的影响。Ti 的氮化物是在较高温度下形成的，并且实际上不溶入奥氏体，故这种化合物只是在高温下起抑制晶粒长大作用。V 的碳氮化物在奥氏体区内几乎完全固溶，因此对控制奥氏体晶粒长大不起作用，V 的碳氮化物仅在 $\gamma \rightarrow \alpha$ 转变过程中或之后析出，产生析出强化。Ti 的碳化物或 Nb 的碳氮化物既可在奥氏体较高温度区域内溶解，也可在低温下重新析出。既可以在高温下起控制奥氏体晶粒的作用，在低温析出时，也可以产生强化的作用。

1.1.2　微合金化钢的强韧化理论

近年以来，国内外都致力于开发新型的高强度微合金钢，这些钢不仅具有高的强度，并且具有良好的塑性、韧性、可焊性和低的韧脆转变温度，冷成型能力也十分优异。钢的强度主要是指材料抵抗变形与断裂的能力，而能使钢增加强度的强化手段主要有：细晶强化、析出强化、固溶强化和相变强化。

通过细化晶粒使晶界所占比例增高而阻碍位错滑移产生的强化方式称为细晶强化。细晶强化是各种强化机制中最常应用的手段。Hall 和 Petch 最早独立得到了材料强度与晶粒尺寸之间的关系式，即细晶强化强度增量 YS_G 与晶粒尺寸的关系式：

$$YS_G = k_y D^{-\frac{1}{2}} \tag{1-1}$$

式中　D——有效晶粒尺寸；

　　　k_y——比例系数。

有效晶粒尺寸是指材料中对位错的滑移运动起阻碍作用而使之产生位错塞积的界面所构成的最小的晶粒尺寸。

细晶强化是因为晶粒细化产生了更多的晶界，而晶界两边的晶粒取向不同且完全无规律，此处的原子排列相当紊乱。因此，当塑性变形从一个晶粒传播到相邻晶粒时，由于晶界阻力大，穿过晶界就比较困难，同时，穿过晶界后滑移方向或裂纹扩展方向又要改变，和晶内的变形及裂纹扩展相比，这种既要穿过晶界，又要改变方向的变形及裂纹扩展要消耗很大的能量。所以晶粒越细小，消耗的能量越大，钢的强度越高且韧性越好。

微合金元素溶入基体后，吸附在晶界，降低了晶界的界面能，从而降低了晶界的驱动力，阻碍晶界移动，进而阻碍晶粒的长大；另外，析出相质点钉扎晶界，阻止奥氏体或铁素体晶粒长大。加入钢中的微合金元素，若形成第二相，则对晶粒起钉扎作用，能有效地阻碍高温下晶粒的长大。析出强化是通过钢中的细小弥散的析出相，与位错发生交互作用，造成对位错运动的障碍，使钢的强度得到提高的一种强化方式，析出强化是微合金钢的重要的强化方式。微合金元素所具有的重要特性之一，就是在一定加热温度下可以固溶，而在热加工和冷却过程中，随着温度的降低又能以碳氮化物的形式析出，通过控制其析出行为，从而对钢的显微组织和力学性能产生较大的影响。第二相质点与位错之间的相互作用有两种方式：一是位错切过易变形的第二相质点；二是位错绕过第二相粒子。根据 Gladman 等的理论，由析出粒子所造成的析出强化作用随粒子尺寸的减小和粒子体积分数的增加而增加。

除了析出相的大小对析出强化作用有影响外，其析出部位和形状对强度也有影响。整个基体均匀析出的强化效果要比晶界析出效果好；颗粒状比片状更有利于强化。在相变前对材料施以塑性变形，使位错密度增加，第二相析出形核位置增多，从而析出物更加弥散，析出强化作用增强。

固溶强化就是在金属中添加一种或几种金属（或非金属）形成固溶体合金来提高强度的方法。固溶强化的主要微观机制是弹性相互作用，该作用是一长程作用。溶质原子溶入铁的基体中，造成基体晶格畸变，从而使基体的强度提高；Nb、V、Ti 等合金元素在奥氏体中处于固溶状态时，可以延迟奥氏体转变，虽然数量较少，但其作用却很大。

钢的性能取决于钢的组织结构，而组织结构的主导是由相变决定的。最简单的例子是低碳钢在轧后随冷却条件的变化，有铁素体＋珠光体、铁素体＋贝氏体、马氏体等几种组织结构。钢的力学性能也随之有很大的变化，从而可以生产出不同强度等级的钢材品种，用于各种不同的作用。这种情况就归属于相变强化。

材料的韧性是指材料在变形乃至断裂的过程中吸收塑性变形功和断裂功的能力，即材料抵抗微裂纹产生和扩展的能力。微合金元素在钢中的韧化作用主要通过晶粒细化来改善材料的韧性。

细晶强化是各种强化机制中唯一能使材料在强化的同时并使之韧化的材料强韧化的方式。晶粒细小，同时开动的晶内位错和增值位错率高，塑性形变均匀，并且塑性形变所需的晶粒转动小，裂纹穿过晶界进入相邻晶粒并改变方向的频率增大，消耗的能量增加，从而使韧性增加。

1.2 Nb 微合金化钢

Nb 微合金化技术和 Nb 微合金化钢的研究开始于 20 世纪 50 年代末至 60 年代初，当时是在普碳软钢基础上降低碳含量并添加 Nb 作为微合金化元素来提高钢的强度和韧性；20 世纪 70 年代，中东能源危机促进了以石油天然气长输大口径管线钢为代表的高强度微合金化钢的发展和控轧技术的广泛应用；20 世纪 80 年代加速冷却技术（ACC）在高强度板带材钢广泛应用促进了以汽车工业用超低碳钢、无间隙原子 IF 钢及铁素体不锈钢的发展；20 世纪 90 年代可焊接高强度结构钢厚板等高技术钢材的开发生产，使 Nb 又成为热机械处理工艺和在线直接淬火技术等必选的重要微合金元素，从此进一步拓宽了 Nb 微合金化技术在烘烤硬化钢、多相钢、TRIP 钢及低、中碳的长型材、非调制钢、不锈钢和合金结构钢等领域的应用。

Nb 在工业发达的北美和欧洲地区的应用主要有三大领域：第一，应用于高温合金和含 Nb 金属；第二，应用于汽车工业排气系统部件的含 Nb 铁素体不锈钢；第三，Nb 微合金化技术应用于约 75% 的高强度钢板、焊管用钢带、棒材和型材。其中，12% 用于生产汽车工业用的无间隙原子 IF 钢，34% 为热/冷轧带钢。

1.2.1 Nb 对奥氏体再结晶的影响

图 1-1 为钢的微合金化对延迟再结晶的影响，图 1-2 为 NbC 和 Nb(C,N) 的固溶度。从图 1-1 和图 1-2 中可以看出，Nb、V、Ti 等微合金元素的加入可

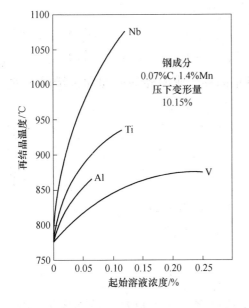

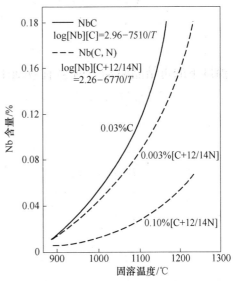

图 1-1　微合金化对延迟再结晶的影响　　　图 1-2　NbC 和 Nb(C,N)的固溶度

以提高再结晶温度，抑制奥氏体的再结晶，保持奥氏体的硬化状态，保持形变效果从而细化铁素体晶粒。其中 Nb 对奥氏体再结晶的延迟作用最大。在控制轧制时，Nb 产生显著的晶粒细化和中等的析出强化。Nb 的最突出作用是抑制高温变形过程的再结晶，扩大了奥氏体未再结晶区的范围，非常有利于实施控制轧制工艺，因此细化铁素体的效果最明显。

　　通常含 Nb 钢加热到 1200℃、均热 1h 后，钢中 90% 的 Nb 可固溶于奥氏体中。这种固溶 Nb 在加热过程中可以阻碍奥氏体晶粒长大，在轧制中会在位错、亚晶界、晶界上沉淀析出 Nb 的碳、氮化物，阻碍奥氏体动态再结晶，这些都有利于晶粒细化。当奥氏体中固溶 Nb 量增加时，奥氏体未再结晶温度显著提高。所以在较高的温度区就可以获得控轧控冷的效果。Nb 影响奥氏体再结晶有两种方式：

　　（1）拖拽作用。Nb 在钢中可以以置换溶质原子的形式存在，对再结晶的抑制作用与其和 Fe 原子尺寸及电负性差异有关，即所谓的溶质拖拽机制。Nb 原子比 Fe 原子尺寸大，易在位错线上偏聚，其偏聚密度也相对增高，对位错攀移产生较强的拖拽作用，使奥氏体再结晶形核受到抑制，因而对再结晶具有强烈的阻止作用，这种作用高于 Ti、V，是与 Fe 原子尺寸相差较小的 Mn、

Cr、Ni 对再结晶阻止作用的几十倍或上百倍。

（2）钉扎作用。按照析出钉扎理论，在热加工中通过应变诱导析出的 Nb 碳氮化物粒子优先析出在奥氏体的晶界、亚晶界和位错线上，钉扎力大于此温度下的再结晶驱动力时会有效地阻止晶界、亚晶界的移动和位错的运动，其作用不仅能推迟再结晶过程的开始，而且能延缓再结晶过程的进行。

在临界温度之上，Nb 元素对再结晶的影响表现为溶质拖拽机制；而在此温度之下，则表现为析出钉扎机制。通过析出粒子钉扎抑制再结晶的效应，提高了再结晶的温度，加大未再结晶区的温度范围，有条件在相变前对奥氏体晶粒进行多道次的形变积累，为通过形变和相变充分细化铁素体晶粒创造条件。

1.2.2　Nb 对钢组织和性能的影响

Nb、V、Ti 等微合金元素皆与碳、氮有极强的亲和力，能够形成极为稳定的碳化物。在钢中都有细化晶粒、提高晶粒粗化温度的作用，而它们对强度和韧性各自有其不同的影响。

由于 Nb 在钢中的固溶度与碳含量有关，通过降低碳含量可以在一定程度上提高 Nb 的固溶度，这样就允许添加高于常规使用的 Nb，以获得高的固溶 Nb 含量。这样，既极大地提高了奥氏体的再结晶温度，使控制轧制可以在更高的温度进行，降低轧机的负荷，同时又能降低 $\gamma \rightarrow \alpha$ 转变温度，促进低碳贝氏体或针状铁素体的形成，改善钢材的性能。而且，在控轧控冷过程中，过饱和的 Nb 势必以适当的方式析出，而沉淀析出方式的不同又影响钢材的室温组织和性能。

在含 Nb 钢的生产中，Nb 的质量分数普遍在 0.01% 以上，在奥氏体中未固溶 Nb 的碳氮化物在冷却过程中通过质点钉扎晶界机制，阻止其晶粒长大，起到晶粒细化作用。Nb 在奥氏体中固溶后，主要是利用 Nb(C，N) 在奥氏体中的形变诱导析出来抑制奥氏体再结晶，以达到细化铁素体晶粒的目的，在目前情况下，晶粒能细化到 $3 \sim 5 \mu m$，达到 ASTM12 级晶粒度，可产生强烈的强化效果。

另外，固溶 Nb(C，N) 在奥氏体中的形变诱导析出以及未溶的 Nb(C，N) 在铁素体中的脱溶析出都可以起到一定的析出强化作用。通过 Nb 与钢中的

C、N 原子结合，形成 Nb(C,N)析出相来抑制再结晶及利用析出强化来提高强度的机制已经得到认可。

1.3　控制轧制与控制冷却

1.3.1　控制轧制与控制冷却的发展

控制轧制技术是 20 世纪 50 年代在欧洲为生产高韧性造船用钢板而诞生的轧制技术。到了 20 世纪 60 年代初期，美国科研人员定性地解释了热轧后的钢材继续发生奥氏体再结晶的动力学变化，从理论上某种程度地解释了控制轧制技术。到了 20 世纪 60 年代末期，研究人员通过实验发现，添加微量元素 Nb 对提高单纯轧制钢材的强度有效。随后进一步的研究表明，造成 Nb 系钢材强度高的原因，是由于微细 Nb(C,N)的铁素体析出相强化造成的。同期英国钢铁研究机构（British Iron Steel Research Association）对轧制钢材的显微组织和力学性能的定量关系，Nb、V 的强化机理，控制轧制原理等进行了研究。到了 20 世纪 70 年代在奥氏体控制轧制的基础上，通过控制冷却速度来控制相变本身，于是开始了真正意义的控制轧制和控制冷却（简称"控轧控冷"或"TMCP"）技术。20 世纪 70 年代以来，控轧控冷技术越来越受到重视，并在生产中得到广泛应用。20 世纪 80 年代以来，控制轧制控制冷却技术又有新的进展，开发了一些新的控轧方法，如多坯交叉轧制法等。TMCP 成为提高焊接性能、低温韧性、节约能源、降低碳当量、节省合金元素以及提高冷却均匀性，保持良好板形等，具有良好优越性的好方法。

日本的小指军夫在已经建立的理论基础上添加自己的研究结果，总结出"高温加工热处理的热轧"。田中等人提出了"控制轧制 3 阶段工艺"，即第一阶段是在 1000℃ 以上轧制的同时再结晶阶段；第二阶段是从 950℃ 到 A_{r3}，第 3 阶段是在低于 A_{r3} 温度的 $\alpha + \gamma$ 两相区轧制。同时他还提出在第一阶段的奥氏体轧制中，如果一个道次压下率为 8%，会造成应变诱发引起的奥氏体晶界的移动，生成局部粗大晶粒。

1.3.2　控制轧制和控制冷却技术的特征

控制轧制和控制冷却技术是 20 世纪钢铁业最伟大的科技进步成果之一。

目前，TMCP 技术已经成为国内外生产板带钢材的主导工艺。控制轧制和控制冷却技术相配合，在提高钢材强度的同时，也改善了塑性和韧性，得到较高的综合力学性能；并能够降低合金元素的含量和碳当量，节约贵重的合金元素，降低生产成本。

控制轧制和控制冷却技术的目的是实现晶粒细化和细晶强化。控制轧制分为三种：奥氏体再结晶控制轧制，奥氏体未再结晶控制轧制和（γ + α）双相区控制轧制。控制轧制通过变形在奥氏体中积累大量的能量，在轧制过程中获得处于硬化状态的奥氏体，为后续的相变过程中形核和晶粒细化提供了条件。得到硬化奥氏体的基本手段是"低温大压下"和添加微合金元素。所谓的"低温"，是指在接近相变点的温度进行变形，可以抑制奥氏体的动态再结晶行为，保持其硬化状态直到相变开始。"大压下"是指施加超出常规的压下量，这样可以增加奥氏体内部储存的变形能，提高奥氏体硬化程度。

热轧钢材轧后冷却的目的是为了改善钢材最终的组织形态，提高钢材性能，即在不降低钢材韧性的前提下提高其强度。控制冷却，是通过控制热轧钢材轧后的冷却条件来控制奥氏体组织状态、相变条件、碳化物析出行为及相变强化后钢的组织和性能。现代在线冷却工艺的一个重要的金属学特征就是对变形的未再结晶奥氏体或再结晶奥氏体进行控制轧制，根据不同的需要进行不同的冷却工艺。通过对相变中形核率、晶粒长大速率和沉淀析出率的控制来获得更加细小的金相组织，进而提高钢板的强度和韧性。此外，该工艺减少了合金元素的添加量，在相同的强度下使材料的焊接性能和韧性得到改善。控制冷却的理念也可以归纳为水是最廉价的"合金元素"。与其他冷却工艺相比，控制冷却技术具有更强的冷却能力，对水冷前的奥氏体组织状态的控制也更加灵活，这些优点使得生产具有不同性能要求的钢板成为了可能。

微合金元素在加热时起到阻止奥氏体晶粒长大、抑制奥氏体再结晶、细化铁素体晶粒等作用，所以控制轧制和控制冷却始终与微合金化紧密联系在一起。由于 Nb、V 等微合金元素的加入，抑制了高温变形过程中的再结晶行为，扩大了奥氏体未再结晶区的范围，这大大强化了奥氏体的硬化状态，有利于实施控制轧制工艺。虽然微合金和合金元素的加入会提高材料的碳当量，恶化材料的焊接性能；然而，加入的微合金和合金元素，除了部分固溶强化奥氏体外，经常会以碳氮化物的形式析出，从而对材料强度的提高做出了贡献。例如，Nb 的碳氮化物在奥氏体区的析出"鼻子温度"区间在 900～950℃，变形时会诱导析出碳氮化铌，产生所谓的"应变诱导析出"，既提高了材料的再结晶温度，同时也抑制晶粒长大从而细化了奥氏体晶粒。

1.3.3 含 Nb 钢控制轧制和控制冷却存在的问题

采用"低温大压下"违背了"趁热打铁"的观念，必然要受到设备能力及其他因素的限制。为了实现低温大压下，人们为此大幅提升轧制设备能力，投入了大笔资金、人力和资源。采用"低温大压下"带来的另一个问题是降低了生产效率。钢材的加热温度是有一定要求的，例如含 Nb 钢为了使 Nb 充分溶解，需要加热到 1200℃左右。但是精轧的温度又要求比较低。为了满足精轧温度的要求，人们不得不在精轧之前实行待温，即将坯料在辊道上摆动，让钢材辐射和对流散热以达到必要的精轧温度，从而降低了轧机的生产效率，严重影响到轧机的产量。因此，人们常常需要在产量和 TMCP 之间做出选择。换言之，为了产量，有时候不得不放弃 TMCP，这自然会限制 TMCP 工艺的应用。而且，微合金元素的加入，会大幅度提高材料的碳当量，这会恶化材料的焊接性能；同时也提高了钢材的成本，不利于材料的循环利用。目前，控制冷却上存在的主要问题是高冷却速率下材料冷却不均而发生较大残余应力、甚至翘曲。例如，作为控制冷却的极限结果，直接淬火的作用早已为人们所认识，但是，其潜在的能力一直未得到发挥，原因在于直接淬火条件下冷却均匀性的问题一直没有得到解决。

与此同时，随着 Nb 的广泛应用，Nb 铁的价格越来越高，已达到约 30 万元/吨。由于 Nb 元素在钢中所发挥的固溶强化，细晶强化，析出强化等作用还没有任何一种元素可以完全代替，含 Nb 钢的微合金成本已经成为困扰各大钢铁企业的最大难题。

科技发展总是滞后于问题的出现。针对含 Nb 钢生产时存在的问题，东北大学王国栋院士提出了以超快速冷却为核心的新一代 TMCP 技术，该技术的出现使得上述问题得到了很好的解决。

1.4 新一代控制轧制和控制冷却

超快冷技术是一种高效率、高均匀性的冷却系统，采用高压倾斜式喷水方式对钢板实行"吹扫式"冷却，达到板面核沸腾，不但冷却速度明显提高，而且钢板内部温度分布均匀。

随着社会经济的高速发展，钢铁业面临着原材料及能源短缺、环境污染等诸多问题。采用节约型的成分设计和减量化的生产方法，获得高附加值、可循环的钢铁产品是解决上述问题的主要途径之一。基于这一点，以超快冷为核心的新一代 TMCP 技术，即 NG-TMCP 越来越被国内外钢铁界所认知。

图 1-3 为 NG-TMCP 与传统 TMCP 工艺的比较示意图。传统的 TMCP 技术为了防止奥氏体再结晶的发生，在较低的温度进行变形，而且变形量比较大。NG-TMCP 技术可以在较高的温度进行热轧，大大减小了设备能力的限制，节约了能源和成本。温度较高时，有利于变形的发生，大量累积的变形会产生硬化的奥氏体；采用适于轧件变形的常规的轧制温度时，终轧温度较高，如果不加以控制，材料会由于再结晶而迅速软化，从而失去硬化状态。采用超快速冷却可以使材料在极短的时间内迅速穿过奥氏体区，使钢板来不及发生再结晶，仍然会有大量的"缺陷"存在，将硬化奥氏体"冻结"到动态相变点附近。在轧件温度达到动态相变点附近后，立即停止超快速冷却。在随后的相变过程中，保存下来的大量"缺陷"成为形核的质点，因而可以细化低温组织。

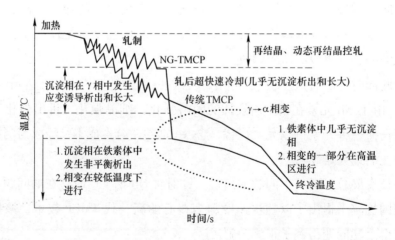

图 1-3 NG-TMCP 与传统 TMCP 生产工艺的比较

超快冷工艺的另一个重要的优势在于可以减少合金元素的添加量，在同样的强度条件下，焊接性能得到了提高，并且焊接点处的韧性也得到了改善。

与其他的冷却工艺相比，钢板的在线超快速冷却工艺具有更强的冷却能力，对水冷前的奥氏体组织状态的控制也更加灵活，这些优点使得生产具有不同力学性能要求的钢板成为可能，对产品性能的控制更加灵活。

1.5 报告的研究内容

为了解决含 Nb 钢轧制时易出现的轧制节奏慢、轧机负荷大、微合金成本高等问题，本研究报告以典型的低 C 含 Nb 钢为研究对象，主要研究内容如下：

（1）通过单道次压缩实验，对奥氏体在高温变形过程中的动态再结晶行为进行研究，探讨不同变形参数（变形温度、应变速率、变形量）对实验钢动态再结晶行为的影响；计算实验钢的再结晶激活能，建立动态再结晶模型，为轧制过程奥氏体晶粒的细化提供实验依据。

（2）通过多道次压缩实验，对实验钢未再结晶温度 T_{nr} 进行研究，得到 T_{nr} 随道次间隔时间的变化规律，为实验钢在未再结晶区的轧制工艺提供理论依据。

（3）通过热模拟实验结合热力学计算，得出实验钢的最易析出温度，基于此，研究相变前冷却速度对奥氏体形态的影响，进一步诠释超快冷对再结晶的抑制作用。

（4）通过热模拟实验研究实验钢的动态连续冷却相变行为，分析冷却工艺对显微组织的影响。基于此，分别模拟轧后超快冷和层流冷却，研究同一温度下保温时间对相变组织的影响，探讨超快冷对实验钢相变行为的影响。

（5）通过热模拟实验，研究两段式冷却过程中前段冷却速率及冷却终止温度对相变行为的影响，为实际生产时前段冷速的设定提供实验依据。

（6）通过改变超快冷终止温度，研究 Nb 在相变过程中的析出行为，得出采用超快冷后不同相变区析出物粒子密度、尺寸、体积分数的定型化描述和规律。

（7）建立 Nb 在奥氏体中和超快冷条件下 Nb 在铁素体中的析出热力学和动力学数学模型。

（8）利用实验室的轧机及超快冷设备，研究轧后不同冷却工艺（层流冷却，超快冷＋层冷，超快冷）、冷却终止温度对含 Nb 船板钢组织与性能的影响，分析超快冷在船板钢开发中所起的作用，为工业生产奠定基础。

（9）研究轧后冷却工艺（超快冷和层流冷却）对含 Nb （含 Mo 和无 Mo）管线钢的组织和力学性能的影响，为开发低成本高钢级管线钢奠定基础。

（10）总结超快冷条件下低成本含 Nb 钢的工业应用情况。

2 超快冷对含 Nb 钢奥氏体形态控制研究

2.1 引言

钢在奥氏体区的变形及其变形过程中的组织变化是控制轧制理论的核心内容。在奥氏体再结晶区温度范围内变形时，奥氏体晶粒通过再结晶过程的反复进行而达到细化；在奥氏体未再结晶区温度范围内变形时，压扁状态的奥氏体晶粒，不仅可以增加奥氏体的晶界面积，而且增加了位错、变形带、空位以及形变孪晶等缺陷，从而增加了冷却过程中相变组织的形核部位，有利于最终组织的晶粒细化。同时，未再结晶变形后奥氏体处于高的能量状态，轧后立即进入超快冷可抑制Nb 在奥氏体中析出，更有利于 Nb 在相变区细小弥散析出，提高析出强化效果。

本部分利用东北大学轧制技术及连轧自动化国家重点实验室（RAL）自主研制的 MMS-300 热力模拟实验机，通过进行单道次压缩实验，研究了实验钢的动态再结晶规律，回归了实验钢的动态再结晶模型，并且通过多道次压缩实验研究了实验钢的未再结晶温度（T_{nr}），通过等温应力松弛实验结合等温析出动力学计算确定了实验钢的最易析出温度，并最终给出了冷却速度对硬化奥氏体形态的影响。

2.2 实验材料及方法

2.2.1 实验材料

将实验钢坯料在实验室 $\phi450$ 实验室轧机上轧成 12mm 厚的板材，然后机械加工成 $\phi8mm \times 15mm$ 的圆柱形热模拟试样，实验钢的化学成分如表 2-1 所示。

表 2-1 实验钢的成分（质量分数，%）

项　目	C	Si	Mn	P	S	Nb	Ti
成分1	·0.117	0.149	1.21	0.017	0.004	0.041	
成分2	0.09	0.36	1.18	0.006	0.002	0.04	0.011

2.2.2 实验方法

实验 1：单道次压缩实验。

本实验的目的是通过分析实验钢在不同温度和应变速率条件下的应力-应变曲线，观察实验钢的动态再结晶情况，研究不同变形参数（变形温度、变形程度、应变速率）对奥氏体动态再结晶的影响规律，进而建立实验钢的动态再结晶模型，为现场制定合理的温度和压下制度提供参考。实验钢的化学成分如表 2-1 中成分 1 所示。

单道次压缩热模拟实验工艺图如图 2-1 和图 2-2 所示，具体实验方案为：

（1）将试样以 20℃/s 的速度加热到 1200℃，保温 3min，然后以 10℃/s 的速度冷却到不同变形温度，保温 10s 以消除试样内部的温度梯度，然后进行压缩变形，记录应力-应变曲线。变形结束后立即对试样进行淬火。变形温度分别为 850℃，900℃，950℃，1000℃，1050℃，应变速率为 $0.1s^{-1}$，$1s^{-1}$ 和 $10s^{-1}$，真应变为 0.8。为了防止试样氧化脱碳，试样在加热与冷却的整个过程都在高纯氮气保护的真空中进行。

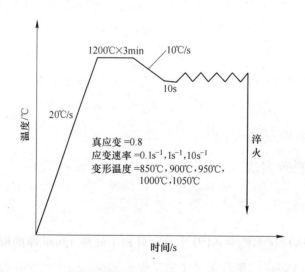

图 2-1　单道次压缩实验工艺图（一）

（2）将试样以 20℃/s 的速度加热到 1200℃，保温 3min，然后以 10℃/s 的速度冷却到 1050℃，保温 10s 以消除试样内部的温度梯度，然后进行压缩变形，应变速率为 $0.1s^{-1}$，在变形量分别为 0.1，0.2，0.3，0.4，0.5 和 0.6 处淬火。

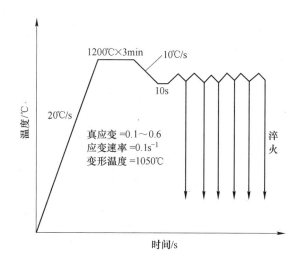

图 2-2 单道次压缩实验工艺图（二）

实验结束后，在试样近热电偶处切取金相试样，试样经研磨抛光后采用70℃左右的过饱和苦味酸水溶液加二甲苯、氢氟酸、海鸥牌洗发膏的混合液进行腐蚀，然后在光学显微镜下观察形貌并测定晶粒尺寸，研究不同变形量对动态再结晶及组织演变的影响。

实验 2：多道次压缩实验。

本实验的目的是确定连续冷却变形过程中的未再结晶温度 T_{nr}，研究道次间隔时间对 T_{nr} 的影响，为制定合理的控轧工艺制度提供支撑。实验钢的化学成分如表 2-1 中成分 1 所示。

多道次压缩实验工艺如图 2-3 所示，具体实验方案为：将试样以 20℃/s 的速度加热到 1200℃，保温 3min，然后以 10℃/s 的冷速冷却到 1025℃进行第一道次压缩，应变速率为 $1s^{-1}$，变形量为 15%（真应变 0.163），然后分别以 2.5℃/s、5℃/s 或 10℃/s 冷却到 1000℃进行第二道压缩，应变速率为 $1s^{-1}$，变形量为 15%（真应变 0.163）……然后以 2.5℃/s、5℃/s 或 10℃/s 冷却到 900℃进行第六道次压缩，应变速率为 $1s^{-1}$，变形量为 15%（真应变 0.163），记录应力-应变曲线，确定实验钢的 T_{nr}。

实验 3：等温应力松弛实验。

实验钢的化学成分如表 2-1 中成分 2 所示。将 $\phi8mm \times 15mm$ 的圆柱体试

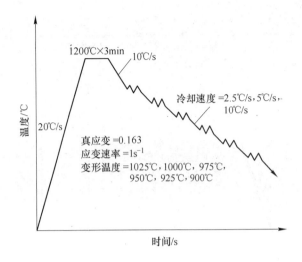

图 2-3 六道次压缩实验工艺图

样以 20℃/s 的速度加热到 1200℃，保温 3min，然后以 10℃/s 的冷速冷却到变形温度（分别为 1000℃、950℃、900℃和 850℃），保温 10s 后进行压缩，变形量为 30%，变形速率为 $5s^{-1}$，然后进行等温应力松弛。通过松弛过程中的应力-时间曲线的变化可以确定出析出的开始和结束时间，并结合 Nb 在奥氏体中的等温析出动力学计算来确定实验钢的 PTT 曲线。

实验 4：冷却速度对含 Nb 钢奥氏体再结晶影响实验。

实验钢的化学成分如表 2-1 中成分 2 所示。高温变形后的奥氏体组织可能在相变前的冷却过程中发生再结晶并继续长大。相变前奥氏体的组织状态直接决定相变后的相变组织形态。在相变前的冷却过程中，冷却速率会对奥氏体的组织产生一定影响。

为了研究变形后冷却速度对相变前奥氏体晶粒大小的影响，结合实验用热模拟机的冷却速度控制范围，设计了如下实验。试样以 20℃/s 的速度加热到 1200℃，保温 3min，然后以 10℃/s 的冷速冷却到 910℃，保温 10s 后进行压缩，真应变为 0.4，变形速率为 $5s^{-1}$，然后以不同的冷却速度（分别为 0.5℃/s、5℃/s、20℃/s、40℃/s）冷却至高于铁素体相变点温度（由实验钢的动态 CCT 曲线确定）约 10℃后淬火，其中一个试样变形后直接淬火。将处理过的试样沿长度方向切开，用苦味酸腐蚀出奥氏体晶界，再测量相变前奥氏体晶粒尺寸的大小。热模拟实验工艺如图 2-4 所示。

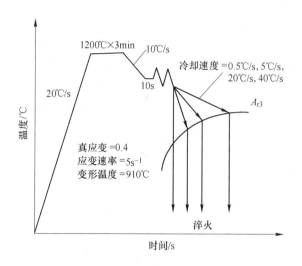

图 2-4　变形后相变前淬火实验

2.3　实验结果及分析

2.3.1　单道次压缩应力-应变曲线

图 2-5 为实验钢在不同应变速率和变形温度下的应力-应变曲线。可以看出，奥氏体高温变形的应力-应变曲线有三种类型：一种如变形温度为 850℃、变形速率为 $1s^{-1}$ 时的曲线，其表现为，应力始终随应变的增加而不断增大，称作加工硬化型；一种如变形温度为 1050℃、变形速率为 $1s^{-1}$ 时的曲线，其表现为，在变形开始时，应力先随应变的增加而逐渐增大，但增加率越来越小，最后曲线转变为水平，达到稳定状态，称作动态回复型；一种如变形温度为 1050℃、变形速率为 $0.1s^{-1}$ 时的曲线，其表现为，变形开始后应力先随应变的增加而逐渐增大，但增加率越来越小，在达到峰值后又随应变的增加而下降，最后达到稳定态，称作动态再结晶型。

金属的高温变形过程是加工硬化和回复、再结晶软化过程的矛盾统一。在变形初期，随着变形量增加，位错密度不断增大，产生加工硬化，促使变形抗力不断增加；另一方面，位错在热变形过程中通过交滑移和攀移等机制运动，使部分位错相互抵消，部分位错重新排列，产生动态回复和动态多边

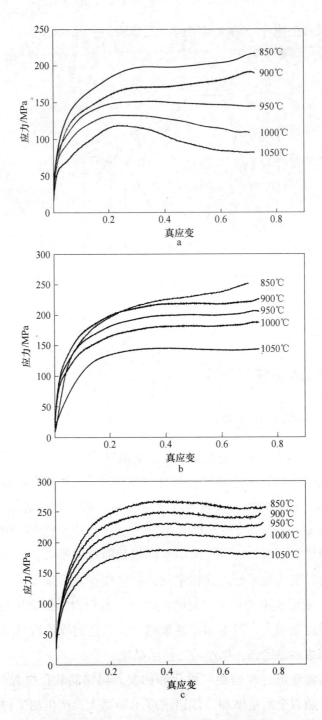

图 2-5 不同变形条件下的应力-应变曲线

a—变形速率 0.1s⁻¹；b—变形速率 1s⁻¹；c—变形速率 10s⁻¹

形化, 这二者都会使材料软化, 使加工硬化得到一定程度的削弱。但在此阶段, 加工硬化的速率大于动态软化速率, 表现在应力-应变曲线上就是, 随着应变量的增加, 应力不断增大, 只是增加的速度逐渐减慢, 直至为零。随着应变量的继续增大, 位错密度不断增加, 金属内部畸变能也不断升高, 达到一定程度时, 在严重畸变的晶粒上会产生晶粒的形核与长大, 即发生奥氏体的动态再结晶。动态再结晶的发生, 使大量位错消失, 软化速率明显加快, 极大削弱了材料的加工硬化, 从而使变形抗力开始下降。随着变形的持续进行, 动态再结晶将继续进行, 直到加工硬化和动态软化效应达到动态平衡, 应力降至最低点。之后, 虽然变形量不断增加, 但应力值基本保持不变, 呈稳定状态。由于动态再结晶发生的条件是要有足够的位错畸变能, 因而应变量必须达到或超过某一临界值。

2.3.2 变形温度对动态再结晶的影响

从图 2-5 可以看出, 当变形速率恒定时, 对应于同一变形量, 变形温度越高, 所对应的应力值越低。分析变形速率为 $0.1s^{-1}$ 时的应力-应变曲线, 容易发现: 变形温度为 1050℃、1000℃、950℃ 时, 应力-应变曲线均出现了峰值之后下降, 这表明发生了动态再结晶; 发生动态再结晶时, 存在一峰值应变 ε_p (峰值应力对应的应变), 并且随着变形温度的升高, 峰值应变逐渐减小, 这表明温度越高越容易发生动态再结晶。当变形温度降到 900℃ 以下时, 应力-应变曲线不再出现峰值, 也就表明动态再结晶不再发生。

这是由于在较低温度下变形时, 材料的加工硬化率较高, 软化过程进行得比较困难。当变形温度升高时, 原子热振动的幅度增强, 原子之间的结合力逐渐减弱, 位错滑移需要的临界切应力随之减小, 导致空位原子扩散以及位错进行交滑移和攀移的驱动力增大, 因而就更易于发生动态再结晶。

2.3.3 变形速率对动态再结晶的影响

图 2-6 为变形温度为 950℃ 时, 不同变形速率下的应力-应变曲线, 从图中可以看出, 对应于同一应变量, 随着变形速率的增加, 应力值逐渐增大。当变形速率为 $0.1s^{-1}$ 时, 实验钢在应力达到峰值后有明显的下降, 为动态再结晶型; 随着变形速率的增大, 应力-应变曲线类型逐渐变为动态回复型。这

表明，在较大的变形速率下，奥氏体不易发生动态再结晶。

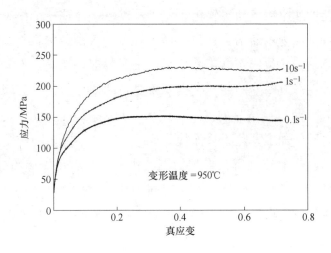

图 2-6　950℃不同变形速率条件下的应力-应变曲线

材料要发生动态再结晶，对材料施加的变形量必须超过临界变形量，才能达到相应的形变储存能。随着应变速率的增大，加工硬化的作用随之增强，导致临界变形量的增大，因而奥氏体动态再结晶不容易发生。

2.3.4　变形量对动态再结晶的影响

图 2-7 为变形温度为 1050℃，变形速率为 $0.1s^{-1}$ 时的应力-应变曲线。可

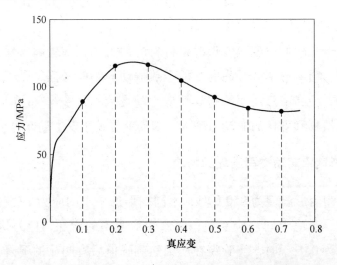

图 2-7　1050℃，变形速率 $0.1s^{-1}$ 时的应力-应变曲线

以看出，应力在真应变为 0.2~0.3 之间时达到峰值。

图 2-8 为不同变形量下奥氏体组织的演变情况。可以看出，当应变 $\varepsilon =$

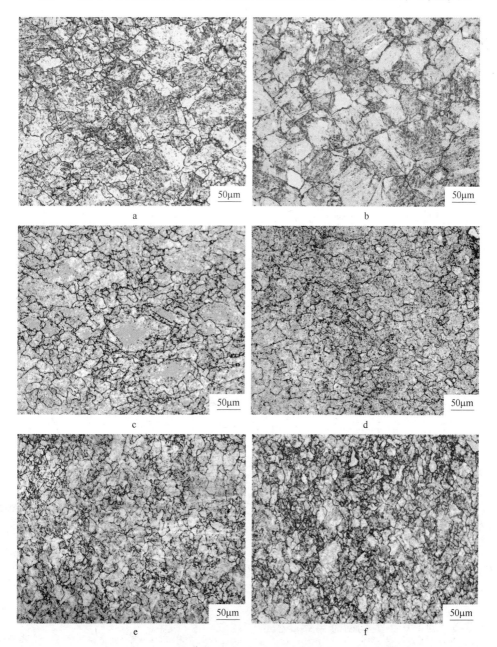

图 2-8　实验钢动态再结晶组织演变

a—$\varepsilon = 0.1$；b—$\varepsilon = 0.2$；c—$\varepsilon = 0.3$；d—$\varepsilon = 0.4$；e—$\varepsilon = 0.5$；f—$\varepsilon = 0.6$

0.1 时，奥氏体晶粒比较粗大，几乎没有动态再结晶晶粒；当变形量 ε 增加到 0.2 时，在三晶界接触部位开始出现少量较小的奥氏体晶粒，这是由于能量相对较高的晶界不断弓起，为动态再结晶晶核的形成提供了条件，从而促进了动态再结晶的发生；变形量逐渐增大到 0.3 ~ 0.4 时，小晶粒明显增多，动态再结晶分数不断增加；当变形为 0.5 时，小晶粒达到 85%，继续变形到 0.6 时，再结晶分数达到 95% 以上，动态再结晶基本完成。由此表明，在变形量达到稳态应变前，增大变形量可以促进奥氏体动态再结晶发生。

图 2-9 为奥氏体晶粒尺寸和动态再结晶分数随真应变的变化规律。可以看出，随着变形量的增加，晶粒尺寸逐渐降低，由最初的 70μm 减小到 18μm；动态再结晶分数逐渐增加，且在变形量小于 0.2 时，动态再结晶分数增速极其缓慢，当变形量在 0.3 ~ 0.5 之间时，增加较快，超过 0.5 以后，增加速率减缓，当应变达到 0.6 左右时，基本完成再结晶。

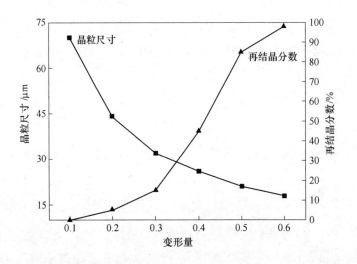

图 2-9　奥氏体晶粒尺寸和动态再结晶分数随真应变的变化

综合以上分析可知，奥氏体发生动态再结晶的条件是：较高的变形温度，较低的应变速率和较大的变形程度。

2.3.5　含 Nb 实验钢动态再结晶模型的建立

热轧过程中的动态再结晶是影响变形抗力的重要因素，而且会对随后冷却过程中的奥氏体相变行为产生影响。本节通过对应力-应变曲线的分析以及动态再结晶规律的研究，建立了实验钢动态再结晶模型，确定了描述动态再结晶的特征参量，为制定合理的热轧工艺提供了依据。

2.3.5.1　动态再结晶激活能的计算

钢在高温变形条件下，变形温度和变形速率可以通过 Zener-Hollomon 参数（简称 Z 参数）来决定，表示为：

$$Z = \dot{\varepsilon}\exp\left[Q_{\mathrm{d}}/(RT)\right] \tag{2-1}$$

式中　$\dot{\varepsilon}$——应变速率；

Q_{d}——动态再结晶激活能，kJ/mol；

R——气体常数，8.314472J/(mol·K)；

T——绝对温度，K。

Z 为温度补偿变形速率因子，可表示 $\dot{\varepsilon}$ 和 T 的各种组合，用来描述奥氏体动态再结晶能否发生。当变形温度越低、变形速率越大时，Z 值越大，这就是说，需较大的变形量才能发生动态再结晶。Z 与峰值应变 ε_{p} 和初始奥氏体晶粒直径 d_0 的关系为：

$$\varepsilon_{\mathrm{p}} = A^{*} d_0^{0.5} Z^{0.16} \tag{2-2}$$

式中　A^{*}——常数。

将式（2-1）代入式（2-2）中，对两边取对数后，得到如下关系式：

$$\ln\varepsilon_{\mathrm{p}} = \ln(A^{*} d_0^{0.5}) + 0.16\ln\dot{\varepsilon} + 0.16Q_{\mathrm{d}}/(RT) \tag{2-3}$$

可以看出，$\ln\varepsilon_{\mathrm{p}}$ 与 $0.16/(RT)$ 之间呈线性关系，直线的斜率为 Q_{d}。

将变形速率为 0.1℃/s，变形温度为 1050℃、1000℃、950℃下的 ε_{p} 值代入式（2-3），可以回归出直线的斜率，得到动态再结晶激活能，如图 2-10 所示。得到 $Q_{\mathrm{d}} = 412.774$kJ/mol。取 $d_0 = 70\mu\mathrm{m}$，则 $A^{*} = 0.03826$。

因此，对于本实验钢，Z 参数可以表示为：

$$Z = \dot{\varepsilon}\exp\left[Q_{\mathrm{d}}/(RT)\right] = \dot{\varepsilon}\exp\left[412.774 \times 10^{3}/(8.31T)\right] \tag{2-4}$$

2.3.5.2　动态再结晶动力学模型

动态再结晶动力学可以通过应力-应变曲线，由以下方程描述：

$$X_{\mathrm{D}} = 1 - \exp\left[-M(\varepsilon/\varepsilon_{\mathrm{s}})^{n}\right] \tag{2-5}$$

式中　X_D——动态再结晶分数；

　　　ε——应变；

　　　ε_s——动态再结晶完成时的应变；

　　　M——常数，由实验确定；

　　　n——常数，为 4.702。

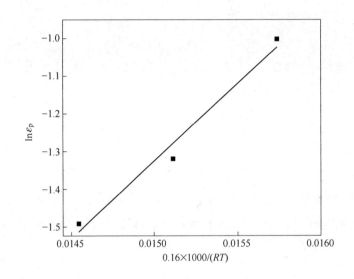

图 2-10　$\ln\varepsilon_p$ 与 0.16×1000/（RT）之间的线性关系

ε_s 与动态再结晶临界应变 ε_c 和峰值应力对应的应变 ε_p 之间的关系为：

$$\varepsilon_s = a_1\varepsilon_p \tag{2-6}$$

$$\varepsilon_c = a_2\varepsilon_p \tag{2-7}$$

式中　a_1——常数，由实验确定，本研究报告取 2.56；

　　　a_2——常数，对于大多数金属材料取 0.67 到 0.86，本研究报告取 0.8。

根据应力-应变曲线以及式（2-6）和式（2-7），$\varepsilon_c = 0.181$，$\varepsilon_s = 0.581$，$\varepsilon_p = 0.227$，则根据式（2-5）可以画出实验钢的动态再结晶动力学曲线。图 2-11 为计算值与实测值的对比。可以看出，计算值和实测值吻合性很好，说明该模型精度较高。

2.3.6　奥氏体未再结晶温度 T_{nr} 的确定

为了在轧制过程中避开部分再结晶区，从而有效避免混晶现象的发生，

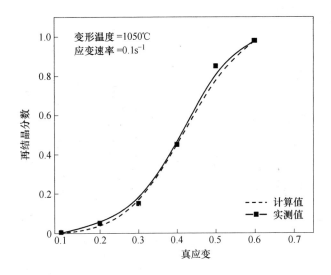

图 2-11 实验钢动态再结晶动力学曲线

未再结晶温度 T_{nr} 的计算是非常重要的。

未再结晶温度 T_{nr} 的确定方法为：在某一道次轧后的间隔时间内，当析出的开始时间 $t_{0.05}$ 小于或等于再结晶的结束时间 $t_{0.95}$ 时，则假设再结晶停止，在随后的道次中再结晶将不再发生，此时的温度定义为未再结晶温度 T_{nr}。另一方面，John J. Jonas 把未再结晶温度 T_{nr} 定义为抑制再结晶的开始温度，一般应用在多道次压缩变形过程中。当变形温度高于 T_{nr} 时，发生奥氏体的软化行为；反之，当变形温度低于 T_{nr} 时，在变形过程中将发生应变累积，产生大量的变形带，作为相变的形核点。影响 T_{nr} 的主要因素有 Nb 含量、道次应变量、道次间隔时间等。

采用图 2-3 所示的实验方案进行 6 道次压缩试验，图 2-12 为相应的应力-应变曲线。

绘制实验钢流变应力与变形温度的关系图，如图 2-13 所示。

从图 2-13 可以明显看出，当变形温度低于某一温度时，曲线斜率明显提高，这是道次间隔时间内静态软化行为发生不充分，使得应变逐渐累积的结果在曲线上存在一个拐点，此拐点位置所对应的温度就是多道次变形过程中的未再结晶温度 T_{nr}。当道次真应变为 0.163，变形速率为 $1s^{-1}$，道次间隔时间分别为 10s、5s、2.5s 时，T_{nr} 分别为 932℃、945℃、961℃。

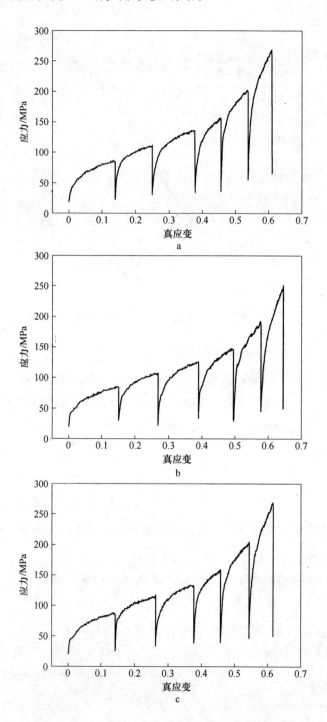

图 2-12   6 道次压缩条件下的应力-应变曲线

a—道次间隔时间 10s；b—道次间隔时间 5s；c—道次间隔时间 2.5s

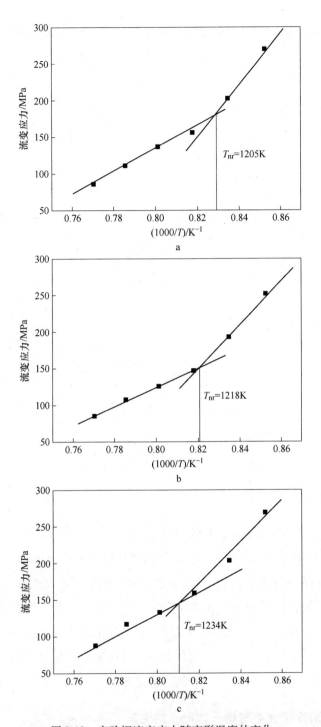

图 2-13 实验钢流变应力随变形温度的变化

a—道次间隔时间 10s；b—道次间隔时间 5s；c—道次间隔时间 2.5s

图 2-14 给出了未再结晶温度 T_{nr} 随道次间隔时间的变化规律。可以看出，对于同一成分的钢，在道次应变量、应变速率恒定时，道次间隔时间越长，T_{nr} 越低。这是因为，随着道次间隔时间的增长，再结晶过程进行得就越充分，相应地 T_{nr} 就越低。

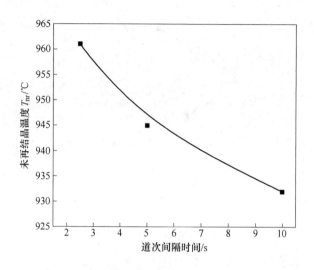

图 2-14　T_{nr} 随道次间隔时间的变化

因此，对于中厚板的轧制而言，在其他条件相同的情况下，与带钢的热连轧相比，在未再结晶区轧制时应当适当降低轧制温度。

2.3.7　含 Nb 钢最易析出温度的确定

图 2-15 给出了含 Nb 实验钢的 PTT 曲线。

由图 2-15 可知，实验钢中 Nb 在奥氏体中析出的开始时间和析出结束时间随着变形温度的降低，先缩短后变长，在 910℃ 左右变形时，实验钢的析出开始时间最短，即最容易发生 Nb 的应变诱导析出行为。为此，采用超快冷进行实验钢升级轧制所需的最终变形温度（终轧温度）选择 910℃。终轧温度的提高既降低了轧机负荷，又可使含 Nb 钢在超快冷后具有较高的变形能和驱动力，有利于更好地发挥 Nb 的析出强化效果。

2.3.8　相变前冷却速度对奥氏体形态的影响

实验钢不同冷却速率的奥氏体显微组织如图 2-16 所示。

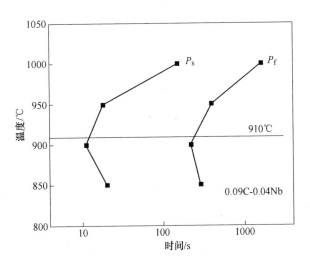

图 2-15 实验钢的 PTT 曲线

a

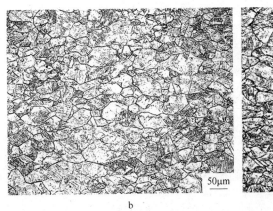

b

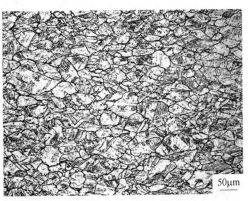

c

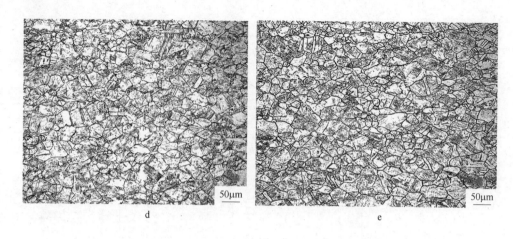

d   e

图 2-16　变形后不同冷却速率下的奥氏体晶粒

a—0.5℃/s；b—5℃/s；c—20℃/s；d—40℃/s；e—直接淬火

从图 2-16 可以看出，当冷却速率为 0.5℃/s 时，奥氏体晶粒比较粗大，晶界比较规则，因为在低冷速条件下，冷却过程时间长，温度较高，给奥氏体晶粒的长大提供了温度和时间条件，从而造成奥氏体晶粒的粗化，不利于相变后的铁素体晶粒细化；当冷却速率增加至 5℃/s 时，奥氏体晶粒尺寸明显变小；随着变形后冷却速率的增加，冷却到相变前的时间缩短，奥氏体没有足够的高温时间进行长大，奥氏体晶粒逐渐减小。

图 2-17 为奥氏体晶粒尺寸随冷却速率的变化趋势。可以看出，在冷却速

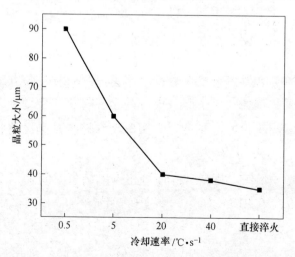

图 2-17　冷却速率对相变前奥氏体晶粒尺寸的影响

率较小时，奥氏体晶粒尺寸随冷却速率增加而减小，但是由于变形后奥氏体晶粒原始尺寸的影响，当冷却速率大于一定值以后，随着冷速增加，晶粒尺寸变化趋于不明显。同时，从奥氏体金相组织中还可以看出，变形后冷却速率较大时，组织中存在长条状的奥氏体晶粒。这说明，较大的冷却速率（超快冷）可以将变形后的硬化奥氏体保留至相变前，从而能够为铁素体相变提供更多的形核位置，起到细化相变后晶粒的作用。

2.4 本章小结

本章通过对实验钢进行单道次和多道次压缩的热模拟实验研究，得出以下主要结论：

（1）实验钢在不同变形参数下的应力-应变曲线有加工硬化型、动态回复型和动态再结晶型三种。奥氏体发生动态再结晶的条件是：较高的变形温度，较低的应变速率和较大的变形程度。随着变形速率的增大和变形温度的降低，动态再结晶的发生越来越困难。

（2）分析了变形程度对奥氏体动态再结晶分数以及再结晶晶粒大小的影响，当在1050℃以$0.1s^{-1}$变形时，随着变形量的增加，晶粒尺寸逐渐降低，由最初的$70\mu m$减小到$18\mu m$；动态再结晶分数逐渐增加，当应变达到0.6时，基本完成再结晶。

（3）计算了实验钢的动态再结晶激活能Q_d，为412.774kJ/mol。回归了动态再结晶数学模型，计算的动态再结晶动力学曲线与实际测量值吻合良好，表明该模型具有较高的精度。

（4）确定了不同道次间隔时间条件下的未再结晶温度T_{nr}，并给出了其随道次间隔时间的变化规律：对于同一成分的钢，在道次应变量、应变速率恒定时，道次间隔时间越长，T_{nr}越低。为实验钢在未再结晶区的轧制工艺提供了理论依据。

（5）Nb在奥氏体中析出的开始时间和析出结束时间随着变形温度的降低，先缩短后变长，在910℃左右变形时，实验钢的析出开始时间最短。

（6）较大的冷却速率（超快冷）可以将变形后的硬化奥氏体保留至相变前，从而能够为铁素体相变提供更多的形核位置，起到细化相变后晶粒的作用。

3 超快冷条件下含 Nb 钢相变规律研究

3.1 引言

高温奥氏体在变形结束后的冷却过程中会发生相变，最终的相变组织决定了钢的力学性能。因此，对过冷奥氏体相变行为的研究显得尤为重要。为了获得所需的理想组织，提高产品的强度、塑韧性等力学性能，需要采用合理的控轧控冷工艺制度；而工艺的制订需要参考钢的连续冷却转变曲线（Continuous Cooling Transformation），简称 CCT 曲线，它为开发新钢种、优化轧制工艺制度和冷却制度提供了必要的理论依据。

本章以某典型低碳含 Nb 钢为实验对象，通过热模拟实验，对实验钢变形奥氏体的连续冷却相变行为及其显微组织进行了研究，以热膨胀法和杠杆定律为基础，获得了实验钢的动态 CCT 曲线，并分析了冷却速率对相变组织、相变开始温度及晶粒尺寸的影响规律；在此基础上，通过模拟变形后超快冷和层流冷却，研究同一温度下保温时间对相变组织的影响；最后通过两段式冷却过程模拟实验，研究了前段冷却速率及冷却终止温度对相变组织的影响规律。上述实验的研究结果，为现场控轧控冷工艺的制定提供理论依据。

3.2 实验材料和实验方案

3.2.1 实验材料

实验材料的化学成分如第 2 章中的表 2-1 中的成分 1 所示。将实验钢坯料在实验室 $\phi 450 \times 450mm$ 二辊可逆式轧机上轧成 12mm 厚的板材，然后机械加工成 $\phi 8mm \times 15mm$ 的圆柱形试样，用于热模拟实验。实验在 MMS-300 热力模拟实验机上进行。

3.2.2 实验方案

本章热模拟实验均采用两阶段变形。第一阶段模拟再结晶区的粗轧行为，变形温度为1050℃，真应变为0.3，应变速率为$1s^{-1}$；为了保证再结晶的充分进行，同时避免晶粒的过分长大，变形后保温时间定为10s。第二阶段模拟未再结晶区的精轧行为，变形温度为910℃，真应变为0.4，应变速率为$10s^{-1}$。

3.2.2.1 实验钢动态CCT测定实验

本实验的目的是研究变形后的奥氏体在不同的冷却速度条件下的相变行为及显微组织，获得实验钢的动态CCT曲线，为其他实验方案工艺制度的制定提供依据。

测定CCT曲线的常用方法有：金相法、热膨胀法、磁性法和差热分析法等。热膨胀法是最常用的一种测定变形奥氏体相变温度的方法。其测定原理为：钢中的各相具有不同的线膨胀系数，由大到小的顺序为：奥氏体>铁素体>珠光体>上、下贝氏体>马氏体，而比容则恰好相反。因此，钢的组织发生转变时，会伴随体积的收缩或者膨胀，从而导致膨胀曲线上出现转折点，根据转折点就可以得出奥氏体转变时的温度和所需时间。

本实验采用热膨胀法结合金相分析法测定实验钢的动态CCT曲线，研究实验钢奥氏体连续冷却时的相变行为。具体实验方案如下：将试样以20℃/s加热到1200℃，保温3min，然后以10℃/s的冷速冷却到1050℃，保温10s后进行压缩，真应变为0.3，应变速率为$1s^{-1}$，变形后保温10s，然后以10℃/s冷至910℃，保温10s后进行压缩，真应变为0.4，应变速率为$10s^{-1}$，再以不同的冷却速度（分别为0.5℃/s、1℃/s、2℃/s、5℃/s、10℃/s、20℃/s、40℃/s和60℃/s）冷却至室温，记录试样冷却过程中的膨胀量-温度曲线。热模拟实验工艺如图3-1所示。

实验后切取金相试样，研磨、抛光后采用4%的硝酸酒精溶液进行腐蚀，在金相显微镜下观察组织，并结合膨胀曲线确定实验钢的相变温度，绘制动态CCT曲线。

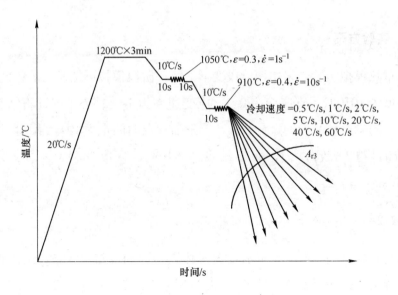

图 3-1 动态 CCT 曲线的实验工艺图

3.2.2.2 相变区保温淬火实验

本实验的目的是结合 CCT 曲线的结果，在奥氏体变形后分别模拟超快冷和层流冷却技术，通过研究不同冷却终止温度下保温时相变组织的变化，探索超快冷技术在实验钢相变过程中所起的作用。

实验方案：将试样以 20℃/s 加热到 1200℃，保温 3min，然后以 10℃/s 的冷速冷却到 1050℃，保温 10s 后进行压缩，真应变为 0.3，应变速率为 $1s^{-1}$，变形后保温 10s，以 10℃/s 冷至 910℃，保温 10s 后进行压缩，真应变为 0.4，应变速率为 $10s^{-1}$，变形结束后以 40℃/s（模拟超快冷）或 10℃/s（模拟层流冷却）冷却至 680℃、600℃进行保温，保温不同时间（1s，10s，30s，100s，300s）之后淬火。实验后制作金相试样，用金相显微镜观察组织。热模拟实验工艺如图 3-2 所示。

3.2.2.3 两段式冷却过程模拟实验

本实验的目的是通过模拟两段式冷却过程，研究前段冷却速率及冷却终止温度对室温组织的影响，为实际生产提供参考。

实验方案：将试样以 20℃/s 加热到 1200℃，保温 3min，然后以 10℃/s 的冷速冷却到 1050℃，保温 10s 后进行压缩，真应变为 0.3，应变速率为

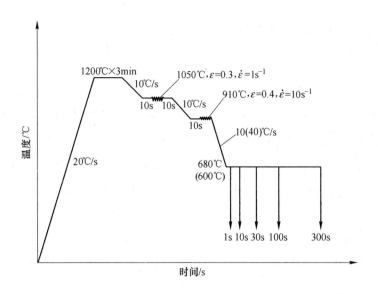

图 3-2 相变区淬火实验工艺图

$1s^{-1}$，变形后保温 10s，然后以 $10℃/s$ 冷至 $910℃$，保温 10s 后进行压缩，真应变为 0.4，应变速率为 $10s^{-1}$，变形后先以不同的冷却速度（分别为 $5℃/s$、$10℃/s$、$20℃/s$、$30℃/s$、$40℃/s$、$50℃/s$ 和 $60℃/s$）冷却至 $680℃$、$600℃$，然后再以 $5℃/s$ 的冷速冷却至室温。实验后制作金相试样，观察显微组织并测试其宏观维氏硬度。热模拟实验工艺如图 3-3 所示。

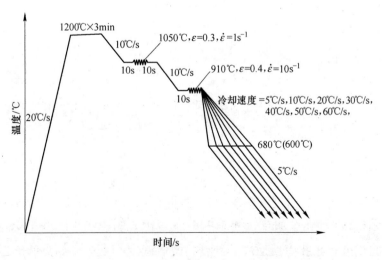

图 3-3 两段式冷却实验工艺图

3.3 实验钢连续冷却相变研究

3.3.1 相变温度点的确定

运用相似性原理，通过热模拟实验机模拟实际生产中钢的加热和冷却过程，用膨胀仪测量加热及冷却时钢的膨胀量变化，通过计算机分析处理，记录温度-膨胀量的关系曲线，根据曲线上的特征点来确定奥氏体的各种相变温度。确定相变开始点和相变结束点的方法有以下几种：切线法、角切法、极值法、平均法。

本实验采用切线法：把膨胀曲线上纯热膨胀或纯冷收缩的直线段延长，以曲线开始偏离的位置（即切点）所对应的温度作为相变点，即临界点，如图 3-4 所示，图中点 T_s 和 T_f 对应的横坐标分别表示相变开始温度和相变结束温度。

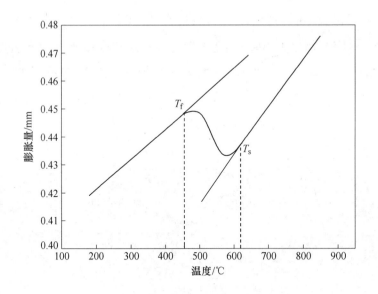

图 3-4 用切线法确定相变点的示意图

对较快的冷却速度而言，例如 $40℃/s$ 以上，组织为单一的组织，在膨胀量-温度曲线上找出拐点所对应的温度，便可确定相变的开始点和终了点。但对较慢的冷却速度而言，组织由两相及两相以上组成，由于奥氏体转变为各相时是连续进行的，没有明显的分界点，不能引起膨胀曲线的明显变化，因此膨胀量-温度曲线上只有一个拐点。这时需要结合金相法，测定各相的百分含量，然后在膨胀量-温度曲线上应用"杠杆定律"来确定相变点，如图3-5所示。B点即为新相的相变开始温度。

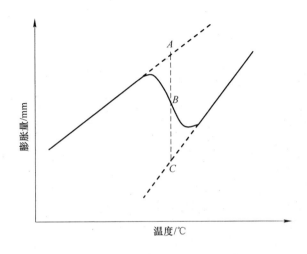

图3-5 "杠杆定律"计算转变量的方法

在图3-5中，转变产物的相对量可按式（3-1）求得：

$$\alpha = \frac{BC}{AC} \times 100\%$$

（3-1）

3.3.2 动态 CCT 曲线的绘制

通过以上分析，得到实验钢在不同冷却速度下各相的转变开始及终了温度，如表3-1所示。各字母代表含义如下：PF——多边形铁素体，AF——针状铁素体，P——珠光体，B——贝氏体，M——马氏体；下标 s、f 分别表示转变开始和转变结束。

M_s 为马氏体开始转变温度，又称马氏体点。对 M_s 点影响最大的因素是奥氏体中的含碳量，其强烈地降低 M_s 点；合金元素除了 Al 和 Co 外，一般都降低 M_s 点。本文中的 M_s 由经验公式（3-2）计算得到，为464℃。

$$M_s = 561 - 474w(\mathrm{C}) - 33w(\mathrm{Mn}) - 17w(\mathrm{Cr}) - 17w(\mathrm{Ni}) - 21w(\mathrm{Mo})$$

（3-2）

表 3-1 在不同冷速下各相的转变开始和终了温度

冷却速度 /℃·s^{-1}	PF_s/℃	PF_f/P_s /℃	P_f/AF_s /℃	AF_f/B_s /℃	B_f/M_s /℃	M_f/℃
0.5	765	631	580/—	—	—	—
1	728	584	535	—	—	—
2	698	576	530	525/—	—	—
5	662	571	536	510/—	—	—
10	648	598	593	519	498/—	—
20	635	627/—	—/627	568	464	461
40	—	—	—	—/625	464	385
60	—	—	—	—/610	464	410

根据表 3-1 中的数据，绘制实验钢连续冷却转变曲线（CCT 曲线），如图 3-6 所示。

从图 3-6 可以看出，实验钢相变区域可分为三部分：高温相变产物主要是先共析多边形铁素体（PF）和珠光体（P）；中温相变产物是针状铁素体（AF）和贝氏体（B）；低温相变产物为马氏体（M）。

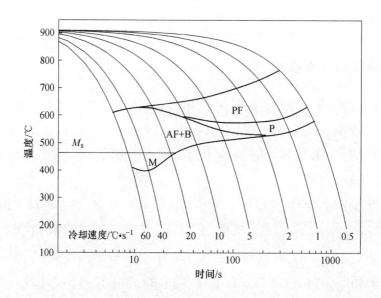

图 3-6 实验钢动态 CCT 曲线

3.3.3 冷却速率对奥氏体相变组织的影响

图 3-7 为实验钢变形之后经不同冷却速度冷却至室温后所得金相试样的光学显微组织。

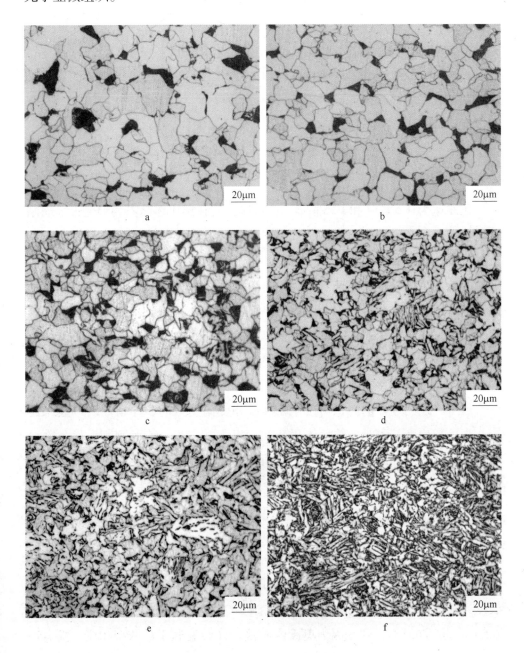

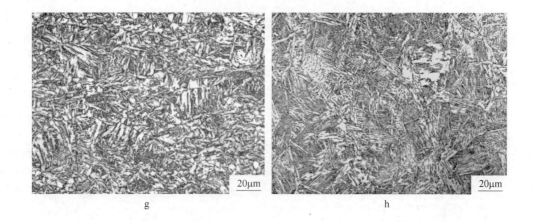

图 3-7　变形后不同冷速下的显微组织

a—0.5℃/s; b—1℃/s; c—2℃/s; d—5℃/s; e—10℃/s; f—20℃/s; g—40℃/s; h—60℃/s

　　在冷速为 0.5℃/s 和 1℃/s 时，铁素体首先在奥氏体晶界和形变带等缺陷处形核，当剩余奥氏体达到共析成分时，发生珠光体转变，最终组织为先共析多边形铁素体和珠光体的混合组织；当冷速为 2℃/s 时，珠光体相变受到抑制，出现了极少量针状铁素体组织；当冷速为 10℃/s 时，珠光体组织基本消失，多边形铁素体组织的含量减少，针状铁素体组织的含量大量增加，并且开始出现贝氏体组织；当冷速大于 20℃/s 时，多边形铁素体组织消失，针状铁素体组织的含量逐渐减少，贝氏体含量逐渐增加；冷速进一步增加到 40℃/s 以上时，组织基本上为贝氏体和马氏体。

　　由于冷速的逐渐增大，奥氏体在高温相变温度区间内停留的时间越来越短。当冷却速度较大时，铁素体相变就会来不及发生，或者刚刚发生一部分奥氏体就已经冷却到更低的温度，从而使得铁素体相变停止，低温相变组织开始出现。因此，铁素体相变量随着冷速的增大而逐渐减少直至消失。

3.3.4　冷却速率对铁素体相变开始温度及晶粒尺寸的影响

　　图 3-8 给出了实验钢铁素体相变开始温度随冷却速度的变化规律。

　　从图 3-8 可以明显看出，随着冷却速率的增大，铁素体相变的实际转变温度逐渐降低。从冷速为 0.5℃/s 增大到 20℃/s 时，铁素体相变开始温度从 765℃ 降低到 635℃。这是因为奥氏体向铁素体转变属于扩散型相变，随着冷

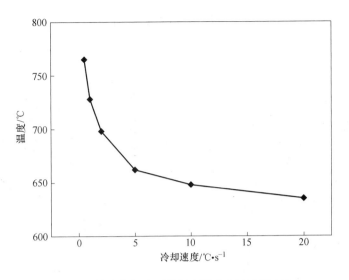

图 3-8　铁素体相变开始温度随冷却速度的变化

却速度的提高，过冷度增大，降低了相变驱动力，使得铁素体在晶界上更容易形核，因此铁素体相变可以在更低的温度下发生，导致相变开始温度降低；另外，加快冷却速度会抑制原子的扩散能力，从而使相变点降低。

　　根据不同冷却速率（0.5℃/s、1℃/s、2℃/s、5℃/s、10℃/s）下的金相组织照片，采用截线法对铁素体晶粒尺寸进行测量与统计，得到铁素体晶粒尺寸随冷却速率的变化规律，如图 3-9 所示。

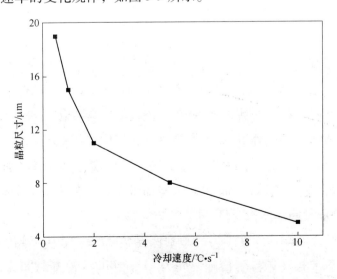

图 3-9　铁素体晶粒尺寸随冷却速度的变化

从图 3-9 可以看出，随着冷却速度的增大，铁素体的晶粒尺寸逐渐减小，从最初的 19μm 左右降到 5μm 左右，说明冷速的增加对组织的晶粒细化作用是显著的。一方面，冷速的提高使得过冷度增大，增加了形核所需的驱动力；并且较大的冷速可以将变形后的奥氏体保留至相变之前，为铁素体相变提供更多的形核位置，从而使得铁素体晶核的数量大大增加，进而细化晶粒。另一方面，当冷速较大时，相变产生的铁素体来不及长大就已经过了相变区间，使得小晶粒得以保留。

3.4 相变区保温淬火实验

（1）变形后以 40℃/s 冷至 680℃ 保温不同时间淬火的金相组织如图 3-10 所示。

从图 3-10 可以看出，随着保温时间的延长，铁素体含量逐渐增加，马氏体含量逐渐减少。当保温时间为 300s 时，不再有马氏体出现，组织全部为铁素体，说明相变已经完成。

（2）变形后以 10℃/s 冷至 680℃ 保温不同时间淬火的金相组织如图 3-11 所示。

从图 3-11 可以看出，此工艺条件下的组织为多边形铁素体和马氏体，并且随着保温时间的延长，铁素体含量逐渐增加，马氏体含量逐渐减少。

对比（1）、（2）两种工艺条件下的金相组织，在同一坐标系下绘制铁素体百分含量随保温时间的变化关系图，如图 3-12 所示。

从图 3-12 可以看出，在保温时间为 1s、10s、30s 时，10℃/s 冷却条件下得到的组织中铁素体含量要高于 40℃/s 冷却时的铁素体含量，而保温 100s、300s 时恰恰相反；大约在同时保温 73.5s 时二者铁素体含量相同，两条曲线交于一点。并且可以看出，40℃/s 冷却条件下，铁素体含量增加较快，且在保温 300s 时相变全部完成；而 10℃/s 冷却条件下，铁素体含量增加较慢，而且在保温 300s 时铁素体相变只完成了 72% 左右。

这是因为，在奥氏体变形后冷却到保温温度的过程中，小冷速条件下经历的冷却时间要长（10℃/s 冷却时间为 23s，40℃/s 冷却时间为 6.75s），因此冷却过程中生成的铁素体较多，从而在保温时间较短时，总的铁素体含量

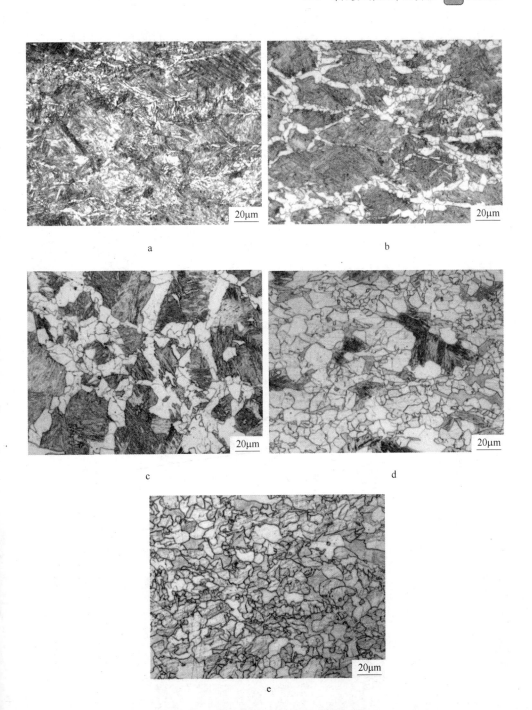

图 3-10　680℃下保温淬火的金相组织（40℃/s）

a—保温 1s；b—保温 10s；c—保温 30s；d—保温 100s；e—保温 300s

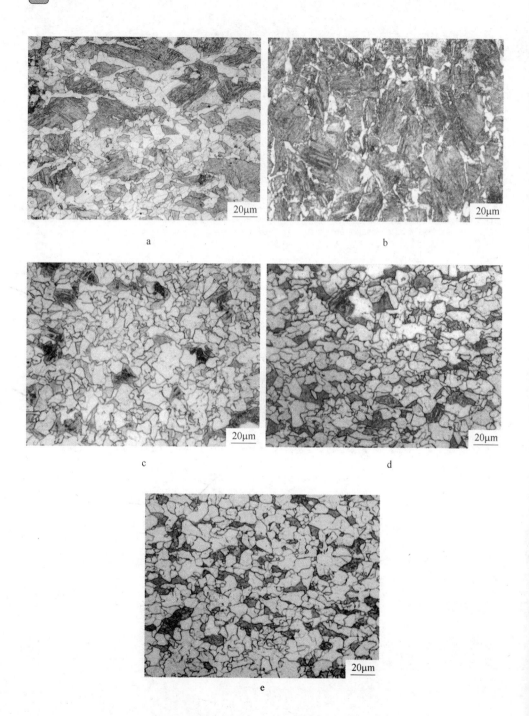

图 3-11　680℃下保温淬火的金相组织（10℃/s）

a—保温 1s；b—保温 10s；c—保温 30s；d—保温 100s；e—保温 300s

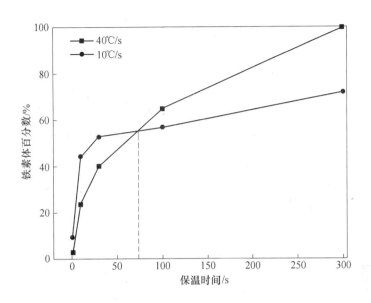

图 3-12　铁素体百分含量随保温时间的变化

要多于大冷速条件下的含量。但是，由于在大冷速下过冷度大，形核驱动力大，并且较大的冷速可以将变形后的奥氏体保留至相变之前，为铁素体相变提供更多的形核点，从而铁素体形核率要远远大于小冷速条件下的形核率。因此，随着保温时间的继续延长，大冷速对相变的促进作用开始凸显，使得铁素体含量迅速增加，并且较早完成相变过程。

（3）变形后以 40℃/s 冷至 600℃ 保温不同时间淬火的金相组织如图 3-13 所示。

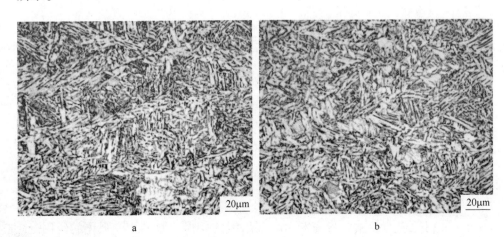

a　　　　　　　　　　　　　　　　　b

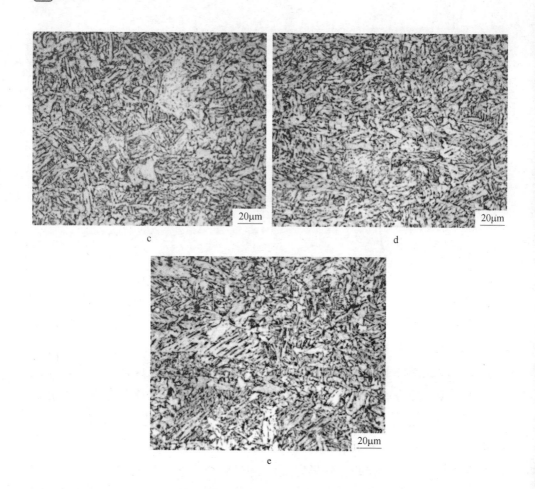

图 3-13　600℃下保温淬火的金相组织（40℃/s）

a—保温 1s；b—保温 10s；c—保温 30s；d—保温 100s；e—保温 300s

从图 3-13 可以看出，在此工艺条件下保温时，最终组织基本为贝氏体和针状铁素体，随着保温时间的延长，组织变化不大。

（4）变形后以 10℃/s 冷至 600℃ 保温淬火的金相组织如图 3-14 所示。

从图 3-14 可以看出，此工艺条件下，组织为针状铁素体、贝氏体和多边形铁素体，并且随着保温时间的延长，多边形铁素体含量逐渐增多。

对比（3）、（4）两种工艺条件下的金相组织，可以看出，相对于小冷速条件，保温相同时间时，采用大冷速得到的硬相组织（AF + B）含量要多，而小冷速下会有较多的软相组织（PF）。因此，在实际生产中，相对于层流冷却，采用超快冷技术，更有利于低温组织的获得，起到相变强化的作用。

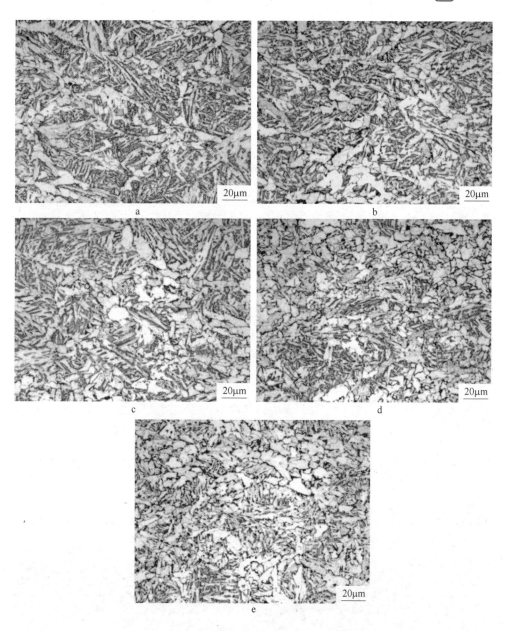

图 3-14 600℃下保温淬火的金相组织（10℃/s）

a—保温1s；b—保温10s；c—保温30s；d—保温100s；e—保温300s

3.5 两段式冷却过程模拟实验

在实际生产过程中，采用两阶段冷却可以获得不同的相变组织。前段冷却速率及冷却终止温度对先相变组织及后续的相变均有一定的影响。

3.5.1 金相组织分析

各工艺条件下的金相组织如图 3-15 和图 3-16 所示。

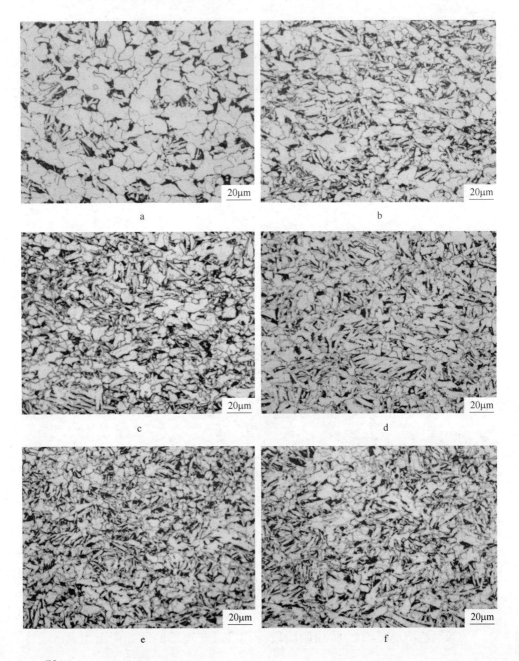

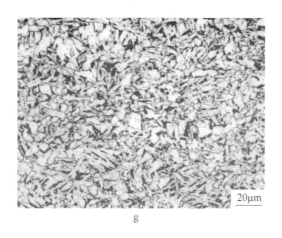

g

图 3-15 不同冷速到 680℃ 条件下的金相组织

a—5℃/s；b—10℃/s；c—20℃/s；d—30℃/s；e—40℃/s；f—50℃/s；g—60℃/s

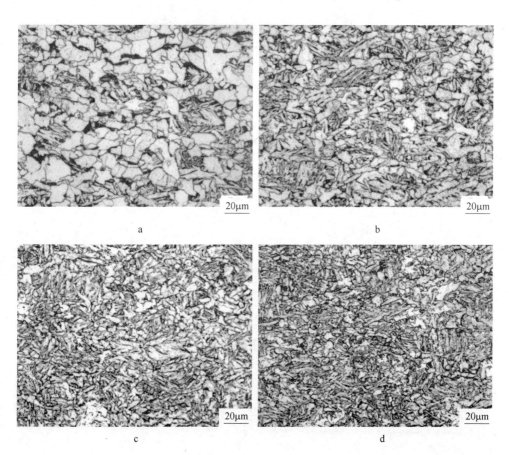

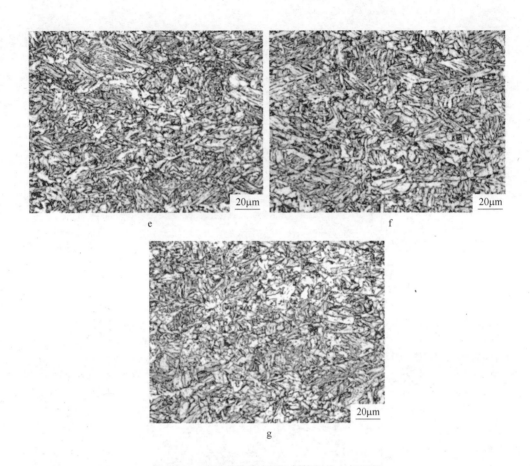

图 3-16 不同冷速到 600℃条件下的金相组织

a—5℃/s；b—10℃/s；c—20℃/s；d—30℃/s；e—40℃/s；f—50℃/s；g—60℃/s

观察 680℃工艺条件下的金相组织发现，在前段冷却速率较小（5～20℃/s）时，得到组织为多边形铁素体、珠光体以及少量针状铁素体，随冷速增大铁素体含量逐渐减少；当冷速达到 30℃/s 时，开始出现贝氏体组织，之后虽然冷速继续增大，组织基本保持不变，为针状铁素体和贝氏体的混合组织。并且可以看出，600℃工艺条件下的组织也有相似变化。

3.5.2 维氏硬度分析

用 KB3000BVRZ-SA 型万能硬度计测定各试样的硬度，绘制冷速-硬度曲线，如图 3-17 所示。

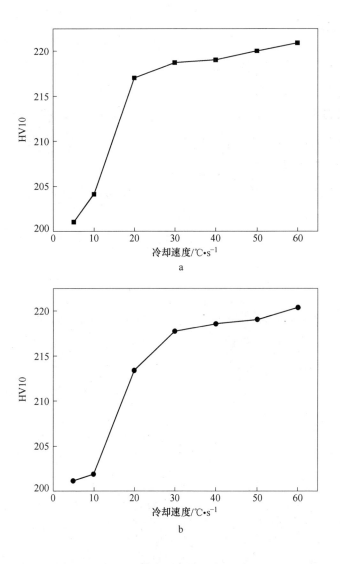

图 3-17 维氏硬度随冷却速度的变化

a—680℃保温；b—600℃保温

可以看出，在两种工艺条件下，当冷速从 5℃/s 增加到 30℃/s 时，硬度均增加较快，之后虽然冷速继续增大，硬度值基本不变。这与分析金相组织得到的结论是一致的。

综上所述，实验钢变形后采用两段式冷却时，前段冷速不小于 30℃/s 即可，更大的冷速对组织变化影响不大。

3.6　本章小结

通过热模拟实验，对实验钢变形奥氏体的连续冷却相变行为及其显微组织进行了研究，获得了实验钢的动态 CCT 曲线；根据动态 CCT 的结果，研究了变形后不同冷却速率、冷却终止温度及保温时间对相变组织的影响；通过模拟两段式冷却路径，研究了前段冷却速率及第一阶段冷却终止温度对最终相变组织的影响规律，主要结论如下：

（1）实验钢相变区域分为三部分：高温相变产物主要是先共析多边形铁素体（PF）和珠光体（P）；中温相变产物是针状铁素体（AF）和贝氏体（B）；低温相变产物为马氏体（M）。随着冷却速率的增大，PF 相变量逐渐减少直至消失，PF 相变的实际转变温度逐渐降低，PF 的晶粒尺寸逐渐减小。

（2）实验钢变形后分别模拟超快冷（40℃/s）和层流冷却（10℃/s），在680℃保温时，随保温时间的延长，PF 含量均增多，但二者增速不同，40℃/s 冷却时 PF 含量增加较快；这是由于较大的冷却速率将硬化的奥氏体组织保留，在保温过程中促进了相变的进行。在 600℃保温时，40℃/s 冷速下获得的组织为 AF + B，而 10℃/s 冷速下为 PF + AF + B；这说明大冷速抑制了 PF 相变，有利于低温相变组织的获得。

（3）实验钢变形后采用两段式冷却，当前段冷速达到30℃/s 时，继续增大冷速，对最终相变组织影响不大。

4 超快冷条件下含 Nb 钢在铁素体／贝氏体相变区中的析出行为研究

4.1 引言

通过控制微合金碳氮化物在钢中（在奥氏体/铁素体/贝氏体相变中）的析出过程，可以有效地控制晶粒粗化过程，控制奥氏体的再结晶过程，从而显著地促进相变组织的细化。更重要的是，还可以获得显著的沉淀强化效果，大幅度地提高钢材的强度。因而控制微合金碳氮化物的析出行为（析出量、析出质点的形状、尺寸及分布）可以有效改善钢材的组织及性能。本章采用热模拟试验，研究低碳含 Nb 钢中的 Nb(C,N) 在高温及低温等温过程中的析出行为，并分析等温时间对析出物的尺寸及数量的影响。为超快冷工艺开发含 Nb 钢奠定理论基础。

4.2 实验材料

实验材料采用 150kg 真空感应炉冶炼，实验钢化学成分如表 4-1 所示。

表 4-1 实验钢的成分（质量分数,%）

C	Si	Mn	P	S	Nb
0.07	0.23	1.36	0.008	0.002	0.032

4.3 实验方法及结果分析

4.3.1 相变区间的确定

为了研究钢种 Nb 的析出，首先需要确定实验钢的相变区间，即测定实验钢的动态 CCT 曲线。

实验钢动态 CCT 曲线测定采用如下试样，尺寸如图 4-1 所示：试样总长度79mm，中间部位为 $\phi6 \times 15$mm 圆柱体，两边为 $\phi10 \times 30$mm 圆柱体，试样两边对称，试样两端倒角 $0.25 \sim 0.4$mm。

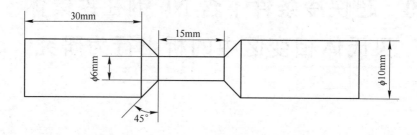

图 4-1 热膨胀实验试样

试验方案：将试样以 20℃/s 的速度加热到 1200℃，保温 3min，然后以 10℃/s 的冷速冷却到 910℃，保温 10s 后进行压缩，真应变为 0.4，变形速率为 5s^{-1}，然后以不同的冷却速度（分别为 0.5℃/s、1℃/s、2℃/s、5℃/s、10℃/s、20℃/s、40℃/s 和 60℃/s）冷却至室温。记录冷却过程中的膨胀量—温度曲线。热模拟实验工艺如图 4-2 所示。

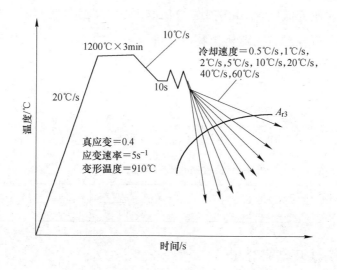

图 4-2 动态 CCT 曲线的实验方案

实验后将中间细段切下来并沿轴线切开，用金相显微镜观察组织，并分析膨胀曲线和显微组织确定实验钢的相变温度，绘制 CCT 曲线。

实验钢所测定的动态 CCT 曲线见图 4-3。

图 4-4 给出了连续冷却相变条件下不同冷却速度所对应的金相组织。

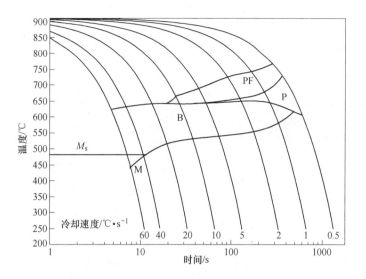

图 4-3 实验钢的连续冷却转变曲线

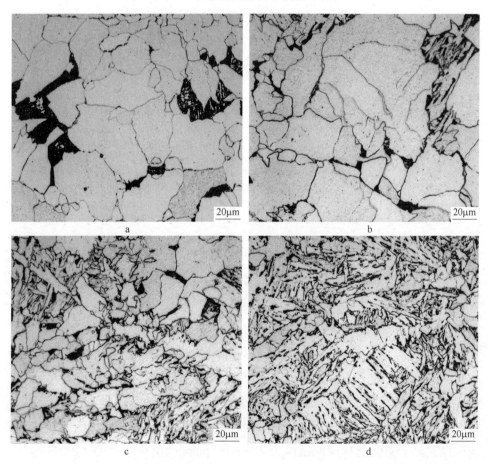

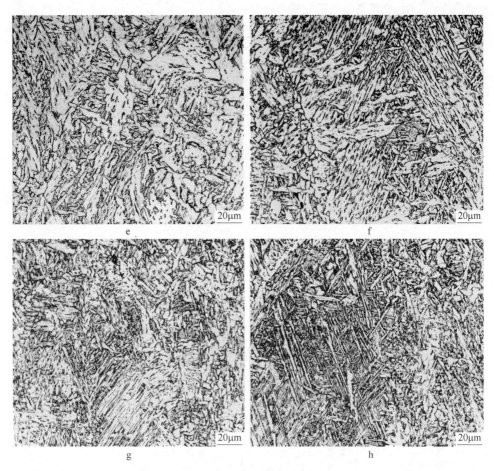

图 4-4 不同冷却速率的实验钢金相组织照片

a—0.5℃/s；b—1℃/s；c—2℃/s；d—5℃/s；e—10℃/s；f—20℃/s；g—40℃/s；h—60℃/s

由图 4-4 可以看出，当冷却速率为 0.5℃/s 时，高温产物多边形铁素体首先在奥氏体晶界及形变带等缺陷处形核和长大，形成先共析铁素体；当剩余奥氏体达到共析成分时，发生珠光体转变，最终组织为先共析多边形铁素体和珠光体的混合组织。当冷却速率为 1℃/s 时，珠光体相变受到抑制，产生了中温相变产物贝氏体。当冷却速率为 5℃/s 时，珠光体基本消失。当冷却速率继续增加到 20℃/s 时，多边形铁素体消失，组织为贝氏体。当冷速增加到 40℃/s 时，产生了少量的马氏体，组织为贝氏体 + 马氏体。

根据研究需要，本研究设计了奥氏体相变区保温淬火实验和超快冷后相变区保温淬火实验，热模拟试样为 φ8mm×15mm 的圆柱体。

4.3.2 Nb 在奥氏体相区的析出

热模拟实验工艺如图 4-5 所示。

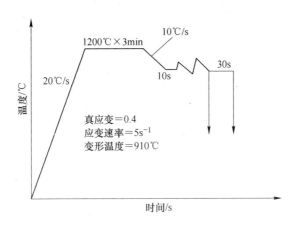

图 4-5 高温析出工艺

将试样加热到 1200℃ 保温，然后冷却到变形温度 910℃，保温 10s 后进行压缩，真应变为 0.4，变形速率为 5s^{-1}，保温不同时间（0，30s）后淬火。制作透射电镜试样，在透射电镜下观察 Nb 保温不同时间后的析出物数量与尺寸的变化。

图 4-6 为实验钢在 910℃ 保温时析出物形貌。从图 4-6a 可以看出，实验钢在 910℃ 变形后保温 0s 时，基本没有 Nb(C,N) 的析出。说明 Nb(C,N) 在

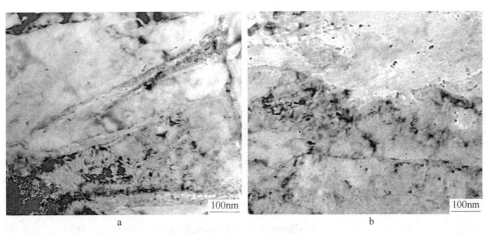

图 4-6 实验钢析出物形貌

a—910℃变形后保温 0s；b—910℃变形后保温 30s

奥氏体中应变诱导析出也需要一定的时间才能开始进行。随着保温时间从 0s 延长到 30s 析出物数量明显增多，尺寸也明显增大。

经统计在保温 30s 时析出粒子的密度为 79μm^{-2}，析出粒子平均尺寸约为 12.9nm。析出粒子尺寸分布如图 4-7 所示，可以看出析出粒子尺寸集中在 9 ~ 15nm 之间。

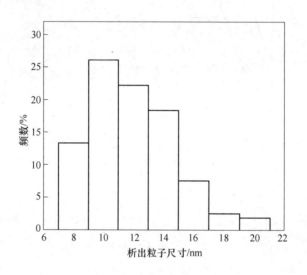

图 4-7　析出粒子尺寸分布

4.3.3　Nb 在铁素体/贝氏体相变区中的析出

为了研究超快冷条件下 Nb 的低温析出行为，设计了如下实验方案，以 60℃/s 的冷却速度模拟超快冷。参照图 4-3 中实验钢的动态 CCT 曲线，热模拟实验超快冷终冷温度分别设定为 650℃ 和 600℃，所对应的相变区间分别为铁素体相区和贝氏体相区，热模拟实验示意图如图 4-8 所示。

试样加热到 1200℃ 保温，然后冷却到变形温度 910℃，保温 10s 后进行压缩，真应变为 0.4，变形速率为 5s^{-1}，然后以 60℃/s 的冷却速度冷却至 650℃、600℃ 进行保温，保温不同时间（1s，10s，30s，300s）后淬火。实验后将试样沿轴线切开，用金相显微镜观察显微组织，并制作透射电镜试样，在透射电镜下观察 Nb 在不同温度下保温不同时间后析出物数量与尺寸的变化。

图 4-9 和图 4-10 分别给出了不同超快冷终冷温度条件下保温不同时间淬火所得到的金相组织照片。

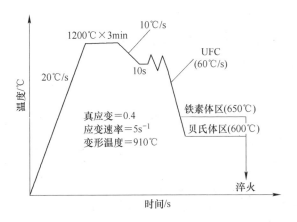

图 4-8 低温析出工艺

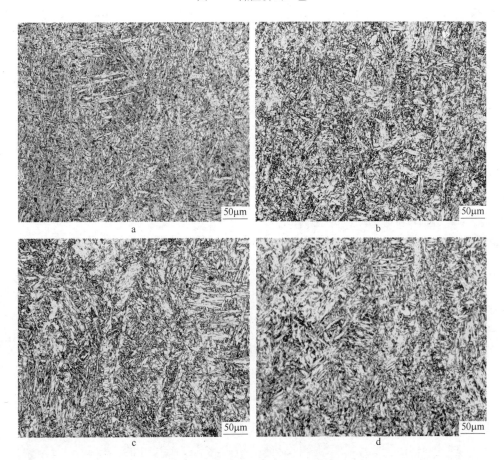

图 4-9 600℃不同保温时间的淬火组织

a—保温 1s；b—保温 10s；c—保温 30s；d—保温 300s

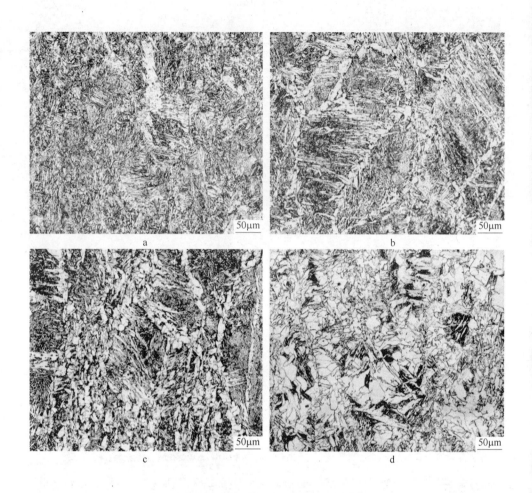

图 4-10 650℃不同保温时间的淬火组织

a—保温 1s；b—保温 10s；c—保温 30s；d—保温 300s

从图 4-9 和图 4-10 中可以看出在 600℃保温时，随着保温时间的延长，贝氏体含量逐渐增多，马氏体含量逐渐减少；而在 650℃保温时，随着保温时间的延长，多边形铁素体组织含量逐渐增多，马氏体与贝氏体含量逐渐减少。这表明在 60℃/s 冷速下，650℃位于铁素体相变区，而 600℃位于贝氏体相变区，这与前面 CCT 曲线（见图 4-3）吻合。

4.3.3.1 Nb 在贝氏体相区中的析出

如前所述，600℃位于贝氏体相变区。

图4-11给出了实验钢经超快冷至贝氏体相区（600℃）保温不同时间后析出物形貌。可以看出，实验钢在910℃变形后快冷到贝氏体相区（600℃）保温时，随着保温时间从1s延长到30s，析出物数量与尺寸都有所增大。

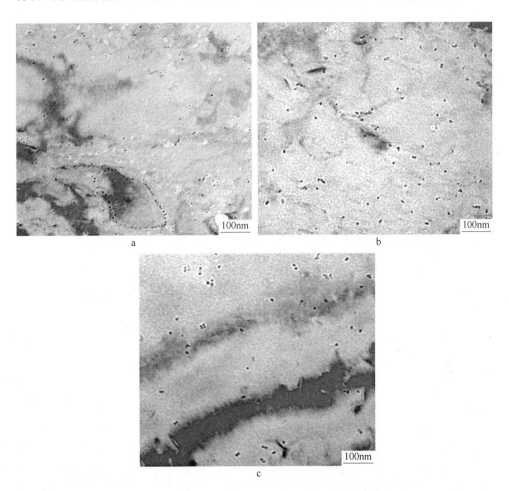

图4-11　实验钢析出物形貌

a—600℃保温1s；b—600℃保温10s；c—600℃保温30s

图4-12显示了在贝氏体相区（600℃）保温不同时间析出粒子尺寸分布情况。可以看出，随着保温时间的延长，析出粒子不断长大，经过统计保温时间分别为1s、10s、30s时，析出粒子平均直径分别为4.8nm、6.6nm、7.1nm，析出粒子的密度分别为$100\mu m^{-2}$、$178\mu m^{-2}$、$204\mu m^{-2}$，析出的体积分数分别为5%、17%、22.6%。

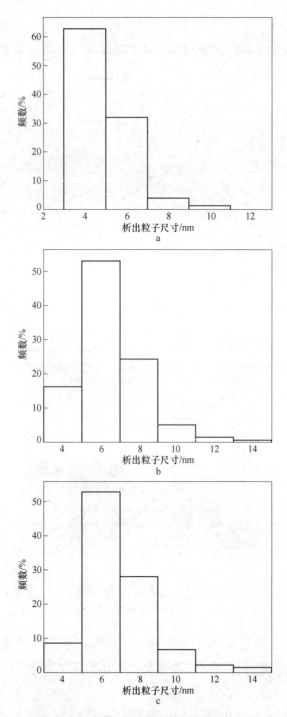

图 4-12　析出粒子尺寸分布

a—600℃保温 1s；b—600℃保温 10s；c—600℃保温 30s

4.3.3.2　Nb 在铁素体相区中的析出

650℃位于铁素体相变区。图 4-13 为实验钢经超快冷至铁素体相区
（650℃）保温不同时间析出物形貌。

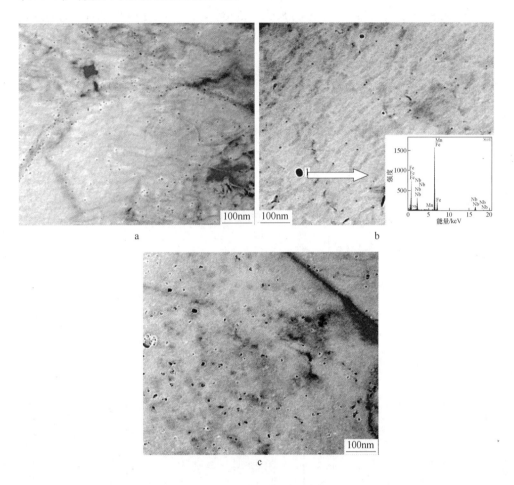

图 4-13　实验钢析出物形貌

a—650℃保温 1s；b—650℃保温 10s；c—650℃保温 30s

对图 4-13b 中尺寸为 30nm 左右的圆形析出物进行 EDS 能谱分析显示析出
粒子为 Nb 的碳氮复合化合物。保温时间为 1s 时析出粒子最为细小而且尺寸
分布均匀。随着保温时间的延长析出粒子尺寸逐渐变大。当保温时间由 1s 延
伸到 30s 时，析出粒子的密度分别为 $201\mu m^{-2}$、$311\mu m^{-2}$、$373\mu m^{-2}$，析出的

体积分数分别为 7.3%、32.5%、53.8%。

图 4-14 为在 650℃保温不同时间析出粒子尺寸分布情况。从图 4-14a 中可以看出保温时间为 1s 时，析出粒子尺寸集中在 3~7nm，经过统计析出粒子平均尺寸为 5.5nm；保温时间延长到 10s 时，析出粒子尺寸有所增大，有少部分析出粒子发生了比较明显的长大。析出粒子尺寸分布如图 4-14b 所示，析出粒子尺寸基本在 5~9nm 之间，统计得出析出粒子平均尺寸为 6.9nm；当保温时间延长到 30s 时有更多的析出粒子发生了长大，统计得出此时析出粒子平均尺寸为 8.1nm。

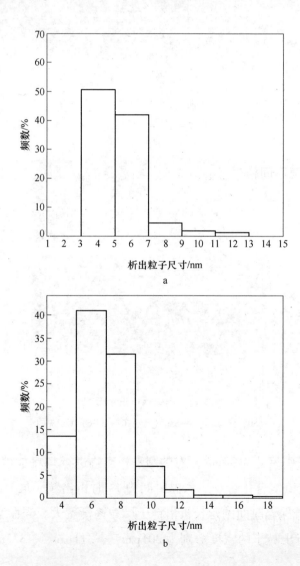

a

b

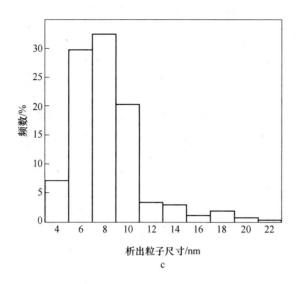

图 4-14 析出粒子尺寸分布

a—650℃保温 1s；b—650 保温 10s；c—650 保温 30s

4.3.4 超快冷至不同相变区析出情况对比

图 4-15 给出了超快冷至不同相区保温 30s 时析出粒子尺寸的变化规律。

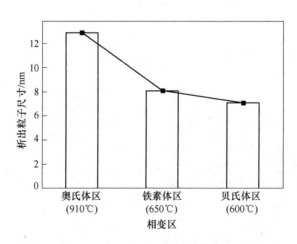

图 4-15 析出粒子尺寸随等温温度的变化

从图 4-15 中可以看出，在等温时间相同时，随着等温温度的降低析出粒子的尺寸变小，说明在较低的温度析出时，析出物更为细小，可以更好地发挥析出强化的作用。其中奥氏体中析出物粒子尺寸最大，贝氏体相区中 Nb 的析出物粒子尺寸最小。这主要是由于临界形核尺寸随温度的降低而减小，而且当温度降低时，扩散系数急剧减小，导致析出相晶核长大速度也随之减小，因此低温析出的粒子尺寸更小。

图 4-16 给出了超快冷至不同的相区保温 30s 后析出粒子密度统计。可以看出，随着超快冷终冷温度的降低（分别为奥氏体区、铁素体区和贝氏体区）析出物粒子密度先升高后降低，当超快冷终冷温度位于铁素体相变区时，析出物粒子密度最大。

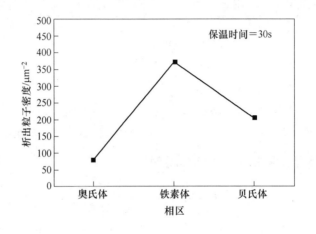

图 4-16　析出物粒子密度变化

图 4-17 给出了超快冷后不同相区的析出物体积分数。可以看出，在保温

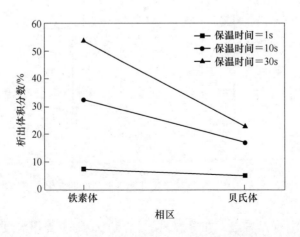

图 4-17　析出物体积分数变化

时间相同时，在铁素体中析出粒子的体积分数要明显高于贝氏体中析出粒子的体积分数。上述结果是以下两种因素共同叠加作用的结果：（1）超快冷由于其较大的过冷度造成析出驱动力增大；（2）随超快冷终冷温度的降低，Nb析出的扩散系数逐渐降低。

通过超快冷至不同相区的析出情况对比可以看出，当变形后超快冷至铁素体相区时，具有较为细小的析出物粒子尺寸，具有最高的析出物粒子密度和相对较高的析出相体积分数。因此要获得更好的析出强化效果，超快冷终冷温度应控制在铁素体相变区。

4.4 本章小结

利用热模拟实验研究了析出粒子数量及尺寸随等温温度和等温时间的变化。主要结论如下：

（1）在高温（910℃）时，应变诱导 Nb（C，N）析出需要一定的孕育时间，因此可以采用超快冷在变形后迅速冷却到相变区，抑制 Nb（C，N）在奥氏体中的析出。当等温时间延长到30s时，析出粒子数量增多，平均晶粒尺寸增大为12.9nm。

（2）在热模拟条件下，910℃位于奥氏体相变区，650℃位于铁素体相变区，600℃位于贝氏体相变区。

（3）在650℃保温1s、10s和30s时，析出相粒子的密度分别为201μm^{-2}、311μm^{-2}和373μm^{-2}，平均尺寸分别为5.5nm、6.9nm和8.1nm；在600℃保温1s、10s和30s时，析出粒子的密度分别为100μm^{-2}、178μm^{-2}和204μm^{-2}，平均尺寸分别为4.8nm、6.6nm和7.1nm。

（4）在910℃、650℃和600℃保温30s时，析出粒子平均尺寸分别为12.9nm、8.1nm和7.1nm，随着保温温度的下降析出粒子尺寸逐渐变小。

5 超快冷条件下 Nb 的析出模型研究

5.1 引言

　　第 4 章已经研究了 Nb 在奥氏体和相变区中析出行为，尤其重点研究了 Nb 在超快冷条件下在铁素体和贝氏体相变区中析出行为。实验结果表明：与奥氏体中析出和贝氏体中析出相比，Nb 在铁素体中细小弥散析出更有利于发挥含 Nb 钢的析出强化效果。虽然前人做过很多有关 Nb 析出的数学模型，但在超快冷条件下 Nb 的析出行为数学模型则未见报道。

　　本部分研究工作建立了 Nb 在奥氏体中和超快冷至铁素体相变区两种条件下的析出热力学和动力学模型。实验钢化学成分如表 4-1 所示。根据计算结果绘制了 PTT 等曲线，并与前面的实验结果进行了对比，为实际热轧提供理论和实验依据。

5.2 Nb(C,N) 在奥氏体中的应变诱导析出模型

　　通过计算 Nb(C,N) 在奥氏体中析出时的临界形核尺寸，临界形核功、相对形核率以及沉淀析出时间等沉淀参数，并根据计算结果绘制出 Nb(C,N) 在奥氏体中的 PTT 曲线，建立 Nb(C,N) 在奥氏体中的应变诱导析出模型。

　　在热力学计算中，由于元素 Nb，C 和 N 含量很小，故假设金属组元 Nb 和间隙组元（C，N）在奥氏体中形成稀溶液。假设复合 Nb(C,N) 符合理想化学配比，即在 Nb(C,N) 中 Nb 原子的总数等于 C 和 N 原子的总数，忽略间隙和金属空位。这样，复合 Nb(C,N) 的化学式可写为 NbC_xN_{1-x}，其中 x，$1-x$ 分别为 C，N 在各自亚点阵中的摩尔分数。

　　二元相 NbC 和 NbN 在奥氏体中的固溶度积公式通过查阅资料，采用下面的公式：

$$
\begin{cases}
\lg\{[Nb] \cdot [C]\} = 10^{3.42-7900/T} \\
\lg\{[Nb] \cdot [N]\} = 10^{2.80-8500/T}
\end{cases}
\tag{5-1}
$$

由于元素固溶量的乘积受固溶度积公式限定以及沉淀析出的元素质量必须满足其在第二相中的理想化学配比，因此可以得到：

$$
\begin{cases}
\dfrac{[Nb] \cdot [C]}{x} = 10^{3.42-7900/T} \\[2mm]
\dfrac{[Nb] \cdot [N]}{1-x} = 10^{2.80-8500/T} \\[2mm]
\dfrac{0.032-[Nb]}{0.07-[C]} = \dfrac{92.9064}{x \times 12.011} \\[2mm]
\dfrac{0.032-[Nb]}{0.004-[N]} = \dfrac{92.9064}{(1-x) \times 14.0067}
\end{cases}
\tag{5-2}
$$

可由式（5-2）来确定不同沉淀温度下的奥氏体中 [Nb]、[C]、[N] 固溶量及沉淀析出的 Nb(C,N) 化学式系数 x 的值。

而根据各沉淀温度下的 x 值可以得到相关的 Nb(C,N) 在奥氏体中的固溶度积公式：

$$
\begin{aligned}
& \lg\{[Nb][C]^{x}[N]^{1-x}\} \\
&= 2.96x + 3.70(1-x) + x\lg x + \\
& \quad (1-x)\lg(1-x) - \{7510x + 10800(1-x)\}/T \\
&= A - B/T
\end{aligned}
\tag{5-3}
$$

计算结果如表 5-1 所示。

表 5-1　Nb(C,N) 在奥氏体中的固溶量计算结果

温度/℃	Nb	C	N	x	A	B
1000	0.015323	0.068616	0.003100	0.642045	2.914807	8114.773
980	0.012357	0.068355	0.002958	0.647976	2.920022	8111.214
960	0.009863	0.068133	0.002840	0.652399	2.923955	8108.561
940	0.007791	0.067949	0.002743	0.655493	2.926729	8106.704
920	0.006091	0.067798	0.002662	0.657428	2.928473	8105.543
900	0.004711	0.067677	0.002594	0.658357	2.929312	8104.986
880	0.003606	0.067583	0.002538	0.658418	2.929368	8104.949
860	0.002729	0.067511	0.002490	0.657730	2.928746	8105.362
840	0.002043	0.067458	0.002448	0.656398	2.927544	8106.161

温度/℃	Nb	C	N	x	A	B
820	0.001511	0.067420	0.002412	0.654508	2.925844	8107.295
800	0.001105	0.067395	0.002380	0.652135	2.92372	8108.719
780	0.000797	0.067381	0.002350	0.649340	2.921231	8110.396
760	0.000477	0.067374	0.002310	0.644461	2.916923	8113.323
740	0.003606	0.067583	0.002538	0.658418	2.929368	8104.949
720	0.000276	0.067380	0.002273	0.638866	2.912039	8116.680

5.2.1 临界形核自由能

令单位体积的相变自由能为 ΔG_V，新相形成时造成的单位体积弹性应变能为 ΔG_{EV}，新相与母相的比界面能为 γ，则形成一个直径为 d 的球形核胚的自由能变化 ΔG 为：

$$\Delta G = \frac{\pi d^3}{6}(\Delta G_V + \Delta G_{EV}) + \pi d^2 \gamma \tag{5-4}$$

令 $\dfrac{\partial \Delta G}{\partial d} = 0$，可得到新相的临界核心尺寸 d^* 为：

$$d^* = -\frac{4\gamma}{\Delta G_V + \Delta G_{EV}} \tag{5-5}$$

将临界核心尺寸代入式（5-4），得到临界形核自由能 ΔG^* 为：

$$\Delta G^* = \frac{16\pi\gamma^3}{3(\Delta G_V + \Delta G_{EV})^2} \approx \frac{16\pi\gamma^3}{3(\Delta G_V)^2} \tag{5-6}$$

对于 ΔG_{EV}，由于其典型值 $10^7 \mathrm{J/m^3}$ 的数量级，远小于化学自由能，所以在计算中一般将其忽略。

单位体积的相变驱动能 ΔG_V：

$$\Delta G_V = -\frac{RT}{V_m}\ln k_s \tag{5-7}$$

其中：

$$\ln k_s = \frac{\ln 10 \times B}{T} - \ln 10 \times \{A - \lg([\mathrm{Nb}]_H \times [\mathrm{C}]_H^x \times [\mathrm{N}]_H^{1-x})\} \tag{5-8}$$

式中 A，B——三元第二相 $\mathrm{NbC}_x\mathrm{N}_{1-x}$ 的固溶度公式系数。

不同温度下 NbC 和 NbN 的比界面能：

$$\gamma_{\mathrm{NbC}-\gamma} = 1.345 - 0.6054 \times 10^{-3}T$$

$$\gamma_{\text{NbN}-\gamma} = 1.2999 - 0.5858 \times 10^{-3}T \tag{5-9}$$

采用线性内插法可以得到不同 x 值时 $\text{NbC}_x\text{N}_{1-x}$ 与奥氏体的比界面能:

$$\gamma_{\text{NbC}_x\text{N}_{1-x}} = [1.3435x + 1.2999(1-x)] - [0.6054x + 0.5858(1-x)] \times 10^{-3}T$$

$$= (1.2999 + 0.0436x) - (0.5858 + 0.0196x) \times 10^{-3}T \tag{5-10}$$

5.2.2 形核速率

在位错上形核的情况下,形核位置密度是位错密度 (ρ) 和单位长度的位置数 ($1/a$) 的乘积。在稳定状态条件下,形核速率 I 可写成:

$$I = \frac{Dx_{\text{Nb}}}{a^3}\rho \cdot \exp\left(-\frac{\Delta G^*}{kT}\right) \tag{5-11}$$

式中　a——奥氏体的点阵常数 (0.36468nm);

　　　k——Boltzmann 常数;

　　　D——微合金元素在奥氏体中的扩散系数;

　　　x_{Nb}——微合金元素在奥氏体中的浓度。

5.2.3 长大速率

新相晶核的长大过程就是新相界面向母相的移动的过程。固态相变类型不同,新相晶核长大的机制也不同。对于大部分第二相的沉淀析出,所涉及的溶质原子的扩散距离很长且溶质元素扩散激活能很大,因而新相晶核的长大过程主要受扩散过程的控制。

在第二相从基体中沉淀析出时,脱溶析出的析出相与母相的化学成分明显不同,析出相的长大将依靠溶质原子的长程扩散,溶质原子的长程扩散对保证析出的持续进行是必不可少的。

按照 Zener 的扩散控制长大理论,稀溶体中球形析出相尺寸的长大规律为:

$$R = \alpha(D_{\text{M}}t)^{1/2} \tag{5-12}$$

式中,R 为 Nb(C,N) 粒子的半径;α 为析出相的长大速率,可以表示为:

$$\alpha = \left(2\frac{C_{\text{M}}^0 - C_{\text{M}}^\gamma}{C_{\text{M}}^p - C_{\text{M}}^\gamma}\right)^{1/2} \tag{5-13}$$

式中　C_{M}^p, C_{M}^γ——在析出相/奥氏体界面处析出相侧和奥氏体侧微合金元素

的平衡体积浓度;

C_M^0——在扩散区末端处微合金元素的体积浓度。

体积浓度与摩尔浓度的关系为:

$$\text{体积浓度} = \frac{\text{摩尔浓度}}{\text{摩尔体积}} \tag{5-14}$$

所以在足够的精度范围内,下式成立:

$$\frac{C_M^0 - C_M^\gamma}{C_M^p - C_M^\gamma} = \frac{x_M^0 - x_M^\gamma}{x_M^p \cdot V_\gamma / V_P - x_M^\gamma} \tag{5-15}$$

式中 x_M^p, x_M^γ——在析出相/奥氏体界面处析出相侧和奥氏体侧微合金元素的平衡摩尔浓度;

x_M^0——在扩散区末端处微合金元素的摩尔浓度;

V_γ——奥氏体的摩尔体积 ($0.689728 \times 10^{-5} \, \text{m}^3/\text{mol}$)。

其中,x_M^0 和 x_M^γ 分别为在固溶处理之后和在各冷却温度下所平衡溶解的微合金元素的摩尔分数;而 x_M^p 应该等于 1。

5.2.4 析出开始时间的计算

Dutta 和 Sellars 建立了析出开始时间(析出发生 5% 所对应的时间)模型:

$$t_{0.05} = A[\text{Nb}]^{-1} \varepsilon^{-1} Z^{-0.5} \exp\left(\frac{Q_d}{RT}\right) \exp\frac{B}{T^3(\ln k_s)^2} \tag{5-16}$$

式中 A, B——常数,这里 A 取 3×10^{-6},B 取 2.5×10^{10};

ε——所施加的应变;

Z——Zener-Hollomon 参数:

$$Z = \dot{\varepsilon} \exp(325000/RT_{\text{def}}) \tag{5-17}$$

这里,$\dot{\varepsilon}$ 取 0.4;T_{def} 取 910℃。

5.2.5 析出结束时间的计算

实际中观测到的大量的相变动力学曲线可以用 Avrami 提出的经验方程式来表示:

$$X = 1 - \exp(-Bt^n) \tag{5-18}$$

$$\lg\ln\left(\frac{1}{1-X}\right) = \lg B + n\lg t \tag{5-19}$$

对析出开始时间和析出结束时间可分别得到:

$$\lg\ln\left(\frac{1}{1-0.05}\right) = \lg B + n\lg t_{0.05} \tag{5-20}$$

$$\lg\ln\left(\frac{1}{1-0.95}\right) = \lg B + n\lg t_{0.95} \tag{5-21}$$

两式相减并转换形式有:

$$t_{0.95} = \left(\frac{\ln 0.05}{\ln 0.95}\right)^{1/n} t_{0.05} \tag{5-22}$$

式中,$t_{0.95}$被认为是析出结束的时间。将公式(5-16)计算出来的$t_{0.05}$代入式(5-22)中可以计算出析出结束时间$t_{0.95}$的值。

5.2.6 计算结果与讨论

图 5-1 给出了实验钢中沉淀参量随温度的变化规律。可以看出:临界形核尺寸随着沉淀温度的降低而单调减小,在通常的沉淀温度范围内,Nb(C,N)在奥氏体中沉淀析出的临界核心尺寸在 1~2nm 的范围。临界形核功随沉淀温度的变化如图 5-1b 所示,可以看出临界形核功随温度的降低而减小,说明在较低的温度下形核功更大。

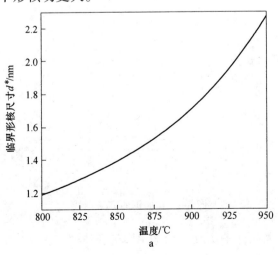

a

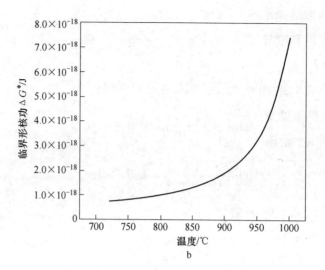

图 5-1　0.07% C-0.004% N-0.032% Nb 钢中沉淀参量随温度的变化规律

a—临界形核尺寸；b—临界形核功

图 5-2 为利用 Dutta 和 Sellars 建立的模型绘制的 Nb(C,N) 在奥氏体中析出的 PTT 曲线。从图可以看出，Nb(C,N) 的析出"鼻子点"温度在 900℃ 左右。大量研究结果表明 Nb(C,N) 在奥氏体中析出时，其析出温度曲线的"鼻子点"温度在 900 ~ 950℃ 范围内，说明计算结果与实际较为相符。

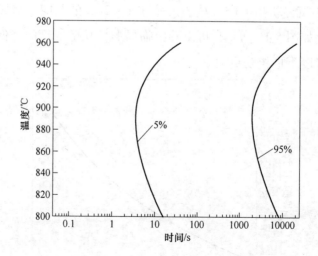

图 5-2　实验钢的 PTT 曲线

Nb(C,N) 在奥氏体中沉淀析出的 PTT 曲线呈 C 曲线形式，这主要是由于析出驱动力和扩散速率的竞争所引起的，在鼻子区以上，驱动力为主要因数，但是较低的过饱和度导致较低的驱动力从而延长了析出所需时间；在鼻子区以下，扩散速率变为主导因素，而较低的温度导致析出相原子较低的扩散速率，因此同样增加了析出所需时间。

在最快析出温度 900℃ 左右进行等温析出时，需要一定的孕育期，因此假如使用超快冷在小于该时间使钢材从奥氏体状态快速冷却到铁素体或贝氏体相变区，便可以抑制 Nb 元素的高温析出，使 Nb 元素在铁素体或贝氏体中析出。

5.3 Nb(C,N)在铁素体中析出的数学模型

由于含 Nb 在奥氏体中形成的 Nb(C,N)在随后的冷却和相变后，析出相的尺寸变大以及和基体失去共格关系，使之失去了强化基体的作用。由前面 Nb(C,N)在奥氏体中析出的动力学模型计算结果可以知道 Nb(C,N)在奥氏体中应变诱导析出时需要一定的时间，因此考虑在轧制结束后使用超快冷将轧件迅速冷却到相变区，抑制 Nb 在奥氏体中的析出，使 Nb 在铁素体相变区细小弥散析出，进而更好地发挥析出强化效果。

假设高温时未析出 Nb(C,N)，只考虑 Nb(C,N)在铁素体中的析出。通过查阅相关资料，运用固溶度积公式可以对不同沉淀温度下 Nb(C,N)在铁素体中的析出行为相关参量进行理论计算。

二元相 NbC 和 NbN 在铁素体中的固溶度积公式通过查阅资料，取如下值：

$$\begin{cases} K_{\text{NbC}-\alpha} = 10^{5.43-10960/T} \\ K_{\text{NbN}-\alpha} = 10^{4.96-12230/T} \end{cases} \tag{5-23}$$

由于元素固溶量的乘积受固溶度积公式限定以及沉淀析出的元素质量必须满足其在第二相中的理想化学配比，因此可以得到下面的方程组：

$$\begin{cases} \lg \dfrac{[\text{Nb}] \cdot [\text{C}]}{x} = 5.43 - 10960/T \\[2mm] \lg \dfrac{[\text{Nb}] \cdot [\text{C}]}{1-x} = 4.96 - 12230/T \\[2mm] \dfrac{0.032 - [\text{Nb}]}{0.07 - [\text{C}]} = \dfrac{92.9064}{x \times 12.011} \\[2mm] \dfrac{0.032 - [\text{Nb}]}{0.004 - [\text{N}]} = \dfrac{92.9064}{(1-x) \times 14.0067} \end{cases} \tag{5-24}$$

进而可以确定不同沉淀温度下的铁素体中［Nb］、［C］、［N］固溶量及沉淀析出的 Nb(C,N) 化学式系数 x 的值。

计算结果如表 5-2 所示。

表 5-2 Nb(C,N) 在铁素体中的固溶量计算结果

温度/℃	Nb	C	N	X
500	9.46×10^{-9}	0.068498	0.000927	0.362985
520	2.22×10^{-8}	0.068457	0.000976	0.373100
540	4.98×10^{-8}	0.068416	0.001023	0.383024
560	1.08×10^{-7}	0.068375	0.001070	0.392747
580	2.24×10^{-7}	0.068336	0.001116	0.402262
600	4.53×10^{-7}	0.068297	0.001161	0.411564
620	8.84×10^{-7}	0.068260	0.001205	0.420649
640	1.68×10^{-6}	0.068223	0.001248	0.429513
660	3.10×10^{-6}	0.068188	0.001290	0.438155
680	5.57×10^{-6}	0.068153	0.001331	0.446571
700	9.78×10^{-6}	0.068119	0.001370	0.454759
720	1.68×10^{-5}	0.068087	0.001409	0.462714
740	2.82×10^{-5}	0.068056	0.001447	0.470429
760	4.64×10^{-5}	0.068026	0.001485	0.477893
780	7.50×10^{-5}	0.067998	0.001522	0.485089
800	1.19×10^{-4}	0.067972	0.001558	0.491991

根据各沉淀温度下的 x 值可以得到相关的 Nb(C,N) 在铁素体中的固溶度积公式：

$$\lg([Nb] \cdot [C]^x \cdot [N]^{1-x})$$
$$= 5.43x + 4.96(1-x) +$$
$$x\lg x + (1-x)\lg(1-x) - \frac{10960x + 12230(1-x)}{T} \tag{5-25}$$
$$= A - \frac{B}{T}$$

不同沉淀温度 T 下 Nb(C,N) 沉淀析出的自由能 ΔG_M 为：

$$\Delta G_M = -19.1446B + 19.1446T[A - \lg(w_{Nb} \times w_C^x \times w_N^x)] \tag{5-26}$$

通过查阅相关资料，得知 NbC 和 NbN 点阵常数分别为：0.44699nm 和 0.4394nm，线膨胀系数分别为 $7.02 \times 10^{-6}K^{-1}$ 和 $10.1 \times 10^{-6}K^{-1}$，采用线性内

插法可以得到不同 x 值时 NbC_xN_{1-x} 摩尔体积公式为:

$$V_{Nb(C,N)} = \{[0.44699 \times (1 + 7.02 \times 10^{-6}) \times (T - 293)]^3 \cdot x +$$
$$[0.4394 \times (1 + 10.1 \times 10^{-6}) \times (T - 293)]^3 \cdot (1 - x)\} \times$$
$$6.022045 \times 10^{-4}/4 \tag{5-27}$$

由此,可以计算出来单位体积的相变自由能 ΔG_V:

$$\Delta G_V = \Delta G_M / V_{Nb(C,N)} \tag{5-28}$$

当微合金碳氮化物在铁素体中析出时,它们与铁素体的位向关系为 Baker-Nutting 关系,微合金碳氮化物在各个方向上与基体之间的错配度是不一样的。为使体积一定的微合金碳氮化物相与铁素体基体之间的总界面能最小,析出相的形状应为旋转椭球状(碟片状),因而此时碟片直径 $d = L = W$,这样 $\sigma_2 = \sigma_3 = \eta\sigma_1$。其中,系数 η 为:

$$\eta = 1.61508x + 1.69191(1 - x) \tag{5-29}$$

同时由于 $\sigma_2 > \sigma_1$,表明碟片直径和高度方向上的 H 不相同,且 $d > H$,为了尽量利用位错线的能量促进形核,碟片径向应沿位错线,因而有以下关系式:

临界形核尺寸:

$$d^* = -\frac{4\sigma_2}{\Delta G_V} \tag{5-30}$$

临界形核功:

$$\Delta G^* = \frac{16\pi\sigma_2^3}{3\eta\Delta G_V^2} \tag{5-31}$$

根据 NbC 和 NbN 与铁素体的比界面能,采用线性内插法,可以得到不同 x 值时 Nb(C,N) 与铁素体的比界面能:

$$\sigma_{2NbC_xN_{1-x}-\alpha} = [1.5108x + 1.4399(1 - x)] - [0.5021x + 0.4785(1 - x)] \times 10^{-3}T \tag{5-32}$$

Nb 元素在铁素体中的扩散激活能为 252000J/mol,则单个原子的扩散激活能为 0.418462×10^{-18}J。

Nb(C,N) 的相对形核率:

$$\lg(I/K) = \lg\left[d^* \cdot \exp\left(-\frac{\Delta G^* + Q}{kT}\right)\right] \tag{5-33}$$

使用 L-J 模型来计算 Nb 的碳氮化物的析出开始时间（析出发生 5% 所对应的时间）：

$$P_s = \frac{N_c a_{Nb(C,N)}^3}{D_0 \rho} X_{Nb}^{-1} \exp\left(\frac{Q}{RT}\right) \exp\left(\frac{\Delta G^*}{kT}\right) \tag{5-34}$$

式中 N_c——单位体积中晶核临界数目；

$a_{Nb(C,N)}$——Nb(C,N) 的晶格常数；

D_0——Nb 在铁素体中的扩散系数，查文献可知为 50.2cm²/s；

X_{Nb}——Nb 元素在铁素体中固溶的摩尔分数；

ΔG^*——临界形核功。

这里对于本实验钢在所研究的温度范围内认为 N_c/ρ 是为一个不变量，可以通过实验数据来获得。

析出结束时间使用式（5-22）进行计算。

计算结果与讨论如下：

图 5-3 为实验钢中沉淀参量临界形核尺寸与临界形核功随温度的变化规律。由图 5-3a 可以看出，与在奥氏体中析出的情况一样，临界形核尺寸随着沉淀温度的降低而单调减小，但是 Nb(C,N) 在铁素体中沉淀析出的临界核心尺寸在 0.6~1nm 之间比在奥氏体中沉淀析出的临界核心尺寸（1~2nm）要小，说明铁素体中沉淀析出的微合金 Nb(C,N) 的尺寸更为细小。临界形核功随沉淀温度的变化如图 5-3b 所示，可以看出临界形核功随温度的降低而减小。

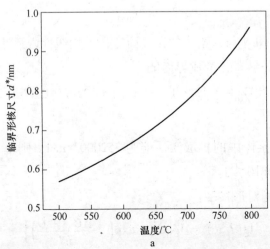

a

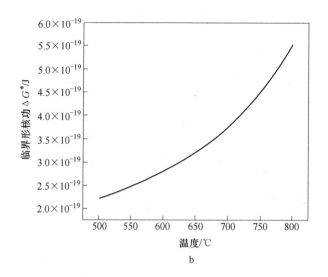

b

图 5-3　0.07%C-0.004%N-0.032%Nb 钢中沉淀参量随温度的变化规律

a—临界形核尺寸；b—临界形核功

图 5-4 为 Nb(C,N)在铁素体中析出的 NrT 曲线（形核速率和温度的曲线）和 PTT 曲线。由图 5-4 可以看出，Nb(C,N)在铁素体中析出时的 NrT 曲线和 PTT 曲线呈现出反 C 曲线和 C 曲线的特征。Nb(C,N)在铁素体中析出时最大形核率温度为 620℃，最快沉淀析出温度为 700℃。根据文献记载，各种微合金碳氮化物在铁素体中析出的最大形核率温度约为 600℃，最快析出温度大致在 650～750℃ 的温度范围，因此理论计算结果与文献记载比较吻合。

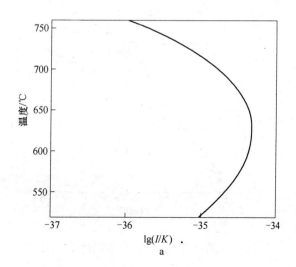

a

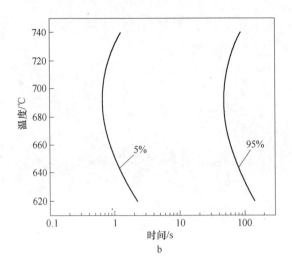

图 5-4 Nb(C,N)在铁素体中析出的动力学曲线

a—NrT 曲线；b—PTT 曲线

与奥氏体中析出时相比可以发现微合金碳氮化物在铁素体中沉淀析出相对较快，可能是因为 Nb(C,N)在铁素体中的固溶度积非常小，导致 Nb(C,N)在铁素体中沉淀析出的化学驱动力非常大的缘故。

图 5-5 给出了超快冷至铁素体相区保温不同时间析出相体积分数对比情况。可以看出，计算的与实测的析出相体积分数吻合良好，说明该模型可以用来模拟超快冷条件下 Nb 在铁素体相变区的析出行为。

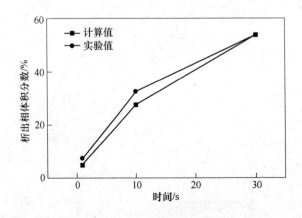

图 5-5 析出物体积分数随保温时间的变化

5.4　本章小结

采用相关理论模型，计算了 Nb(C,N) 在奥氏体与铁素体相中的析出动力学，并绘制了 Nb(C,N) 在奥氏体和铁素体中的 PTT 曲线。主要结论如下：

（1）Nb(C,N) 在奥氏体中析出时，析出温度曲线的"鼻子点"温度为 900℃左右。

（2）超快冷条件下，Nb(C,N) 在铁素体中析出时最大形核率温度为 620℃，最快沉淀析出温度为 700℃。

（3）计算与实测的析出物体积分数吻合良好，表明所建立的数学模型适用于超快冷条件下模拟 Nb 的析出行为。

6 含 Nb 钢实验室热轧实验研究

6.1 引言

TMCP 技术已经成为国内外生产板带钢材的主导工艺。控制轧制和控制冷却技术结合起来，能够进一步提高钢材的强韧性、获得合理的综合性能，并能够降低合金元素的含量和碳当量，节约贵重的合金元素，减低生产成本。

先进钢铁结构材料研究的热点主要集中在如何在现有材料的基础上，通过微合金元素的控制和显微组织的细化来提高材料的综合力学性能和使用寿命，而这方面的研究又集中在采用具有控制轧制和控制冷却为特征的形变热处理（TMCP）以实现组织的细化和控制方法上。利用变形和相变相结合的原理来细化微合金钢的最终显微组织是形变热处理（TMCP）要达到的主要目的，将热变形细化的组织保持到随后的冷却相变过程中，为相变细化组织创造条件，从而最终获得细化的显微组织，这是微合金钢组织细化的最重要方法。

结合前面几章的研究结果，本章以 315MPa 级船板钢和 X70 管线钢为例进行了实验室热轧实验，主要对比分析了轧后不同的冷却方式对含 Nb 钢的组织及性能的影响，并给出了超快冷的强化机制，为制定合理的工艺制度提供实验依据。

6.2 基于超快冷工艺 315MPa 级含 Nb 船板钢轧制

6.2.1 实验材料及实验设备

实验室热轧实验所用的坯料来自国内某钢厂的连铸坯。化学成分如表 2-1 中成分 1 所示。

热轧实验在东北大学轧制技术及连轧自动化国家重点实验室（RAL）

ϕ450mm 二辊可逆热轧实验机组上进行。轧机参数如下：轧辊尺寸 ϕ450mm × 450mm，最大轧制力 4000kN，轧制速度 0 ~ 1.5m/s，最大开口度 170mm，主电机功率 400kW。实验过程中，可以通过调整各集管的开闭来实现不同的冷却方式和冷却速度，同时采用红外测温仪测量轧件的实时温度。

6.2.2 实验方案

为了获得力学性能较好的轧件，轧制过程采用两阶段控制轧制。第一阶段在再结晶区进行，通过多道次轧制使奥氏体组织经受反复变形，从而形成均匀细小的再结晶晶粒。第二阶段在未再结晶区进行，通过形成压扁的奥氏体组织及高密度的形变带，为相变过程中新相的形核增加形核位置，进一步细化晶粒。

实验钢成品厚度为 12mm，中间待温厚度为 30mm。轧制过程分为 9 道次轧制，具体压下规程为：100mm→85mm→68mm→53mm→40mm→30mm→23mm→18mm→14mm→12mm。粗轧道次变形量为 15% ~ 25%，精轧总变形量为 60%。

坯料的加热温度设定为 1200℃，保温 1h。再结晶区轧制温度控制在 1050℃左右。中间坯待温采用空冷。终轧温度控制在 910℃左右。轧后采用超快冷和层流冷却（ACC）两种方式进行冷却。实验室热轧工艺参数如表 6-1 所示。

表 6-1 实验室热轧工艺参数

工艺序号	终轧温度/℃	冷却方式	UFC 终止温度/℃	终冷温度/℃
1	905	ACC	—	600
2	910	UFC	600	600
3	915	UFC + ACC	675	600
4	900	UFC + ACC	690	610
5	906	UFC + ACC	700	520

6.2.3 实验结果与分析

热轧实验结束后，在船板试样的中心部位取样，依据国家标准加工成标准拉伸试样，如图 6-1 所示。室温拉伸试验在 CMT5105-SANS 微机控制电子

万能实验机上进行。冲击试样采用 V 形缺口标准试样，试样尺寸为 10mm ×
10mm × 55mm。

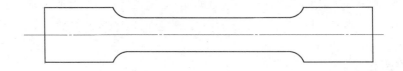

图 6-1 拉伸试样

实验钢的力学性能检测结果如表 6-2 所示。由表 6-2 可以看到，得到实验
钢的屈服强度在 481 ~ 552MPa，抗拉强度在 567 ~ 634MPa。1 号工艺在轧后单
纯采用 ACC 冷却到 600℃，屈服强度达到 315MPa 级别船板钢的屈服强度要
求，且抗拉强度已经接近标准要求的上限。其余试样在轧后均采用了 UFC 工
艺，力学性能已经超过 315MPa 级别船板的要求，达到了 355MPa（AH36 ~
FH36）、390MPa（AH40 ~ FH40）甚至超高强度 420MPa（AH420 ~ FH420）、
460MPa（AH460 ~ FH460）级别的要求，且屈服强度、抗拉强度、低温冲击
功均有较大富余量。GB 712—2011 规定 FH460 船板屈服强度≥460MPa，抗拉
强度为 570 ~ 720MPa，伸长率≥17%， -60℃冲击功纵向不小于 46J，横向不
小于 31J。

表 6-2 实验钢的纵向力学性能

工艺序号	屈服强度/MPa	抗拉强度/MPa	屈强比	-60℃冲击功/J	伸长率/%
1	481	567	0.85	248	28.0
2	552	630	0.88	285	24.7
3	513	609	0.84	280	28.0
4	505	596	0.85	205	28.4
5	550	634	0.87	317	26.0

6.2.3.1 冷却方式对实验钢组织性能的影响

1 号、2 号、4 号工艺船板钢，终轧温度和终冷温度基本相同，区别在于
轧后采用了不同的冷却方式。1 号工艺采用层流冷却，屈服强度为 481MPa，
抗拉强度为 567MPa，伸长率为 28.0%；4 号工艺采用超快冷 + 层流冷却，屈

服强度为 505MPa，抗拉强度为 596MPa，伸长率为 28.4%；2 号工艺采用超快速冷却，屈服强度为 552MPa，抗拉强度为 630MPa，伸长率为 24.7%。

一般情况下，UFC 的冷却速率大于 UFC + ACC 的冷却速率，UFC + ACC 的冷却速率大于 ACC 的冷却速率。从图 6-2 中可以看出，在相同的终轧温度和终冷温度下，随着冷却速率的增大，实验钢屈服强度、抗拉强度明显升高。与采用 ACC 相比，采用 UFC 冷却时，实验钢抗拉强度提高了 63MPa，屈服强度提高了 71MPa。

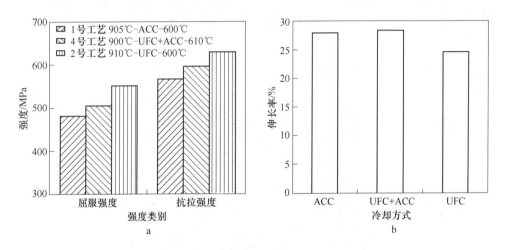

图 6-2　实验钢力学性能随冷却方式的变化

a—强度；b—伸长率

图 6-3 为 1 号工艺、2 号工艺、4 号工艺钢在光学显微镜下的金相组织，1 号工艺钢采用层流冷却，最终组织由多边形铁素体和珠光体构成；采用超快冷技术以后，实验钢组织中出现了针状铁素体，4 号工艺钢由多边形铁素体、少量珠光体及针状铁素体组成，2 号工艺钢主要由针状铁素体和贝氏体组成。可以发现，随着冷却速率的增大，高温相变组织（PF、P）逐渐减少直至消失，低温相变组织（AF、B）增多，由于相变强化的作用使得实验钢强度提高；同时随冷速增大晶粒尺寸逐渐减小，实现了细晶强化。

另外，1 号工艺和 4 号工艺对比可以看出，在轧后采用 UFC + ACC 的冷却工艺，最终得到组织仍然以多边形铁素体为主，且晶粒更加细小，因此在提高实验钢强度的同时伸长率并没有明显降低。在实际生产时，可以根据对

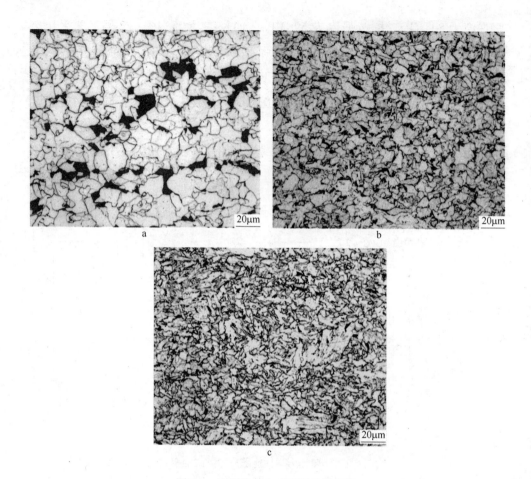

图 6-3 不同冷却方式下的显微组织

a—1 号工艺；b—4 号工艺；c—2 号工艺

性能的要求来采取相应的冷却工艺。

图 6-4 给出了 1 号工艺、2 号工艺、4 号工艺钢在透射电镜下的形貌。可以看出，随着冷却速率的增大，晶粒内部的位错量显著增加，单独采用 UFC 工艺时，晶粒内有高密度缠结的位错。由于位错的缠结与塞积，滑移很难进行，变形阻力加大，使得材料的强度大大增加。另外，随冷速的增加钢中析出物的数量逐渐减少、析出粒子尺寸也逐渐减小。

综合以上分析可以看出，轧后冷却方式的改变对钢的组织和性能有显著影响。超快冷技术可以充分利用钢的细晶强化、相变强化、位错强化等强化手段，提高钢材的强韧性。因此，在实际工业生产中可以考虑在采用低级别船板成分

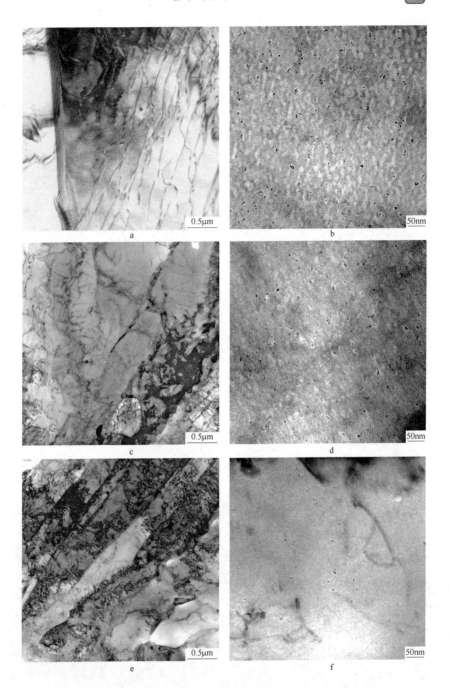

图 6-4 不同冷却方式下的精细结构（TEM）

a—1 号工艺位错；b—1 号工艺析出；c—4 号工艺位错；d—4 号工艺析出；

e—2 号工艺位错；f—2 号工艺析出

设计的同时，通过超快冷技术的应用，实现船板产品力学性能的大幅升级。

6.2.3.2 终冷温度对实验钢组织性能的影响

4 号工艺和 5 号工艺钢，终轧温度基本相同，变形后均采用了超快冷和层流冷却结合的冷却方式，且二者超快冷终止温度基本相同，区别在于终冷温度不同。4 号工艺屈服强度为 505MPa，抗拉强度为 596MPa，伸长率为 28.4%；5 号工艺屈服强度为 550MPa，抗拉强度为 634MPa，伸长率为 26.0%。二者对比可以发现，在相同的冷却工艺条件下，随着终冷温度的降低，实验钢的强度升高，伸长率降低。实验钢力学性能随终冷温度的变化如图 6-5 所示。

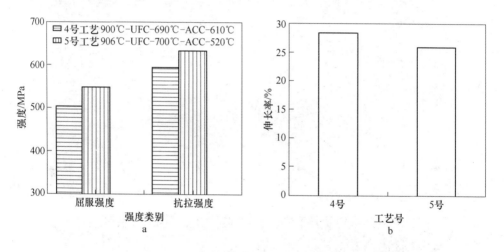

图 6-5 实验钢力学性能随终冷温度的变化
a—强度；b—伸长率

分析 4 号工艺和 5 号工艺钢的显微组织（见图 6-6）可以看出，4 号工艺钢由多边形铁素体、少量珠光体及针状铁素体组成，而 5 号工艺钢由多边形铁素体和贝氏体组成。因此，5 号工艺钢的强度要高于 4 号工艺钢，但伸长率要低于 4 号工艺钢。

6.2.3.3 出超快冷温度对实验钢组织性能的影响

2 号工艺、3 号工艺、4 号工艺钢，终轧温度、终冷温度基本相同，轧后均采用了超快速冷却，区别在于出 UFC 的温度不同。2 号工艺屈服强度为552MPa，抗拉强度为 630MPa，伸长率为 24.7%；3 号工艺屈服强度为

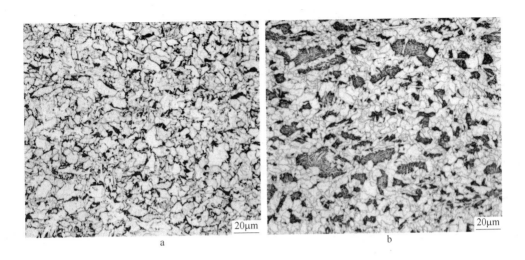

图 6-6　不同终冷温度下的显微组织

a—4 号工艺；b—5 号工艺

513MPa，抗拉强度为 609MPa，伸长率为 28.0%；4 号工艺屈服强度为 505MPa，抗拉强度为 596MPa，伸长率为 28.4%。从图 6-7 可以看出，随着 UFC 终止温度的降低，实验钢的屈服强度和抗拉强度均升高，但伸长率降低。

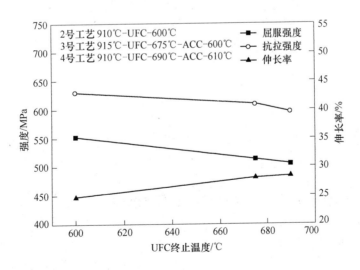

图 6-7　实验钢力学性能随出 UFC 温度的变化

图 6-8 给出了不同 UFC 终止温度下的显微组织。可以看出，随着 UFC 终止温度的降低 PF 含量逐渐减少且晶粒更为细小，针状铁素体含量增多。当采

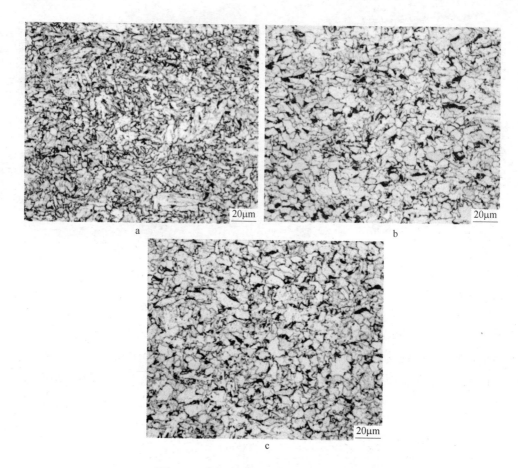

图 6-8 不同 UFC 终止温度下的显微组织

a—2 号工艺；b—3 号工艺；c—4 号工艺

用 UFC 直接冷到 600℃时，冷却过程中越过了多边形铁素体相变区，最终生成针状铁素体 + 贝氏体组织。

6.3 基于超快冷工艺 X70 级含 Nb 管线钢轧制

6.3.1 试验材料和方法

6.3.1.1 试验材料

两炉 X70 管线钢在 50kg 的真空感应炉中冶炼，化学成分如表 6-3 所示。化学成分的主要差异是是否添加合金元素 Mo。

表6-3 X70 管线钢化学成分（质量分数,%）

项 目	C	Si	Mn	Nb	Cr	Ti	Mo	Al	P	N
X70（含 Mo）	0.047	0.296	1.69	0.059	0.302	0.012	0.20	0.0278	0.011	0.0073
X70（无 Mo）	0.035	0.318	1.71	0.064	0.299	0.015	—	0.021	0.011	0.0064

6.3.1.2 试验方案

热轧试验在东北大学轧制技术及连轧自动化国家重点实验室 $\phi450$ 二辊可逆试验机上进行，试验钢坯的原始尺寸为 95mm（厚度）×80mm（宽度）× L（长度）。试验钢成品厚度为 12mm，中间待温厚度为成品厚度 2.67 倍（32mm）。轧制过程采用两阶段控制轧制，粗轧 4 道次，在再结晶区进行，通过奥氏体的再结晶来细化晶粒。精轧 4 道次，在未再结晶区进行轧制，通过在奥氏体晶粒内形成高密度的形变带，增加形核位置，在相变过程中细化相变组织，并且有利于微合金元素的析出，从而提高材料的强度和韧性。具体道次压下分配为：95mm—73mm—55mm—42mm—32mm—24mm—18mm—14mm—12mm。对含 Mo 与无 MoX70 管线钢采用相同的轧制工艺及冷却工艺，参数设定如表6-4 所示。最后对热轧钢板进行组织观测并进行力学性能检测。

表6-4 预设 TMCP 工艺参数

冷却模式	加热温度/℃	二阶段开轧温度/℃	终轧温度/℃	终冷温度/℃
LC	1200	950	810	450
UFC	1200	950	810	450

6.3.2 试验结果及分析

表6-5 给出了实测 X70 管线钢实验室热轧的主要参数。

表6-5 X70 管线钢热轧工艺参数

工艺号	二阶段开轧温度/℃	终轧温度/℃	冷却模式	终冷温度/℃	冷却速度/℃·s^{-1}
1（无 Mo）	945	805	ACC	465	26
2（无 Mo）	950	819	UFC	440	64
3（含 Mo）	950	812	ACC	421	30
4（含 Mo）	950	810	UFC	360~430	79

图 6-9 给出了以上 4 种工艺条件下试验钢的金相组织照片。

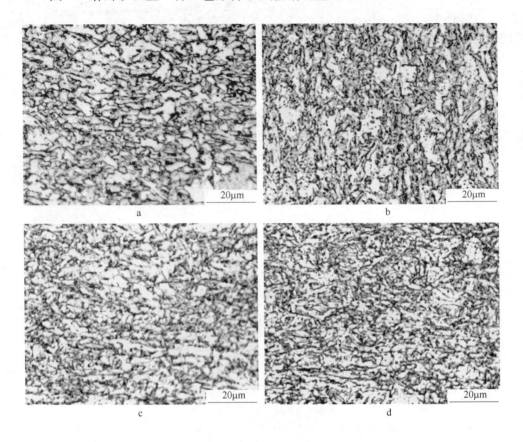

图 6-9　试验钢的金相组织

a—无 Mo，ACC；b—无 Mo，UFC；c—含 Mo，ACC；d—含 Mo，UFC

采用 EBSD（背散射）对试验钢进行了有效晶粒尺寸的确定，图 6-10 给出了不同晶粒取向差的晶界图，其中黑色粗实线为晶界取向差大于 15°的晶粒，灰色细线为晶界取向差小于 15°的晶粒。文献研究表明，只有那些晶界取向差大于 15°的晶粒才是控制高钢级管线钢组织性能的有效晶粒。公式（6-1）给出了裂纹通过有效晶粒的晶界时所需的裂纹扩展抗力。

$$\sigma = \left(\frac{1.4 E a_{c} W}{D d} \right)^{1/2} \tag{6-1}$$

式中　E——弹性模量；

　　　a_{c}——裂纹临界尺寸；

W——板条界上偏斜塑性功；

D——有效晶粒尺寸；

d——板条宽度。

可见，裂纹扩展抗力 σ 与有效晶粒尺寸 $D^{-1/2}$ 具有线性关系，反映在韧脆转变温度曲线上，就是随着有效晶粒尺寸的减少，韧脆转变温度降低。试验钢的有效晶粒尺寸（取向差大于 15°）详见表 6-6。

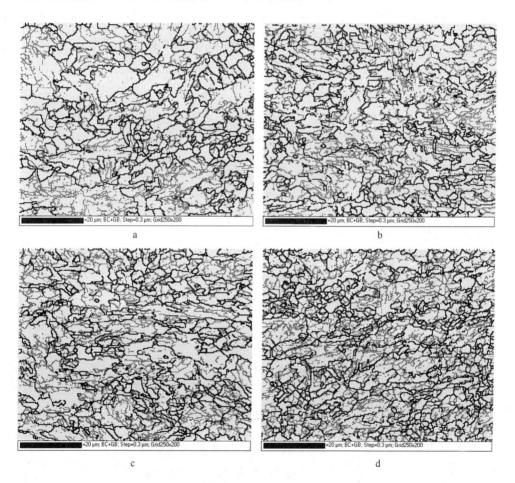

图 6-10　试验钢不同晶粒取向差晶界图

a—无 Mo，ACC；b—无 Mo，UFC；c—含 Mo，ACC；d—含 Mo，UFC

从图 6-9 可以看出，对于工艺 1，即采用层流冷却方式轧制的无 Mo 的 X70 管线钢，组织中存在约 40% 的准多边形铁素体。准多边形铁素体的出现主要源于冷却前累积了较大的变形量，形成较多的变形带，这些变形带成为准多边形铁素体相变的形核点。对于工艺 2 和工艺 3，即采用超快冷方式轧制的无 Mo 的 X70 管线钢和采用层流冷却方式轧制的含 Mo 的 X70 管线钢组织比较相似，为含有大量粒状贝氏体的针状铁素体组织。其组织形态虽然相似，但其形成机理却完全不同。如图 6-11 给出了工艺 2 和工艺 3 的冷却路径对比示意图。可以看出，工艺 2 所获得的针状铁素体组织是利用超快冷直接冷却到针状铁素体相变区（UFC-AF），针状铁素体的生成是在随后的卷取过程中生成的；而工艺 3 的冷却速度相对较小，有可能经过多边形铁素体相变区，其针状铁素体有部分是在相对高温时生成的，剩余的针状铁素体则是在随后的卷取过程中生成，因此其晶粒尺寸较工艺 2 略粗大。而对于工艺 4，即采用超快冷方式轧制的含 Mo 的 X70 管线钢的组织以更为细小的针状铁素体为主。

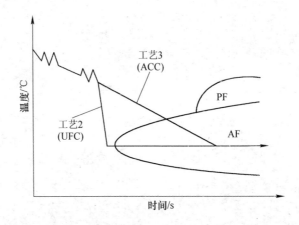

图 6-11　冷却路径示意图

表 6-6 给出了不同工艺条件下 X70 管线钢的有效晶粒尺寸（晶界取向差不小于 15°）及力学性能。

表 6-6　试验钢的有效晶粒尺寸和力学性能

工艺号	有效晶粒尺寸/μm	屈服强度/MPa	抗拉强度/MPa	屈强比	伸长率/%	冲击功（−20℃)/J
1(无 Mo + ACC)	4.257	564	632	0.89	24.2	205
2(无 Mo + UFC)	3.951	591	673.5	0.88	22.6	232
3(含 Mo + ACC)	4.085	586	673	0.87	23.7	228

工艺号	有效晶粒尺寸/μm	屈服强度/MPa	抗拉强度/MPa	屈强比	伸长率/%	冲击功(-20℃)/J
4(含Mo+UFC)	3.635	610	724	0.84	22.3	230
X70-API SPEC 5L		(485~620)+35	570~755	≤0.9	≥16	≥170
X80-API SPEC 5L		(555~690)+35	625~825	≤0.92	≥14.5	≥180

由表6-5和表6-6可以看出，以上4种工艺所获得的力学性能均满足X70管线钢的标准要求。采用超快冷工艺生产的低成本无Mo管线钢强韧性略高于传统工艺的采用层流冷却生产的含Mo管线钢。对于同一化学成分，采用超快冷后有效晶粒尺寸得到了细化，且超快冷生产的无Mo管线钢有效晶粒尺寸略小于传统层流冷却生产的含Mo管线钢。结合公式（6-1）可知，超快冷工艺生产的无Mo管线钢具有优良的低温冲击韧性。强韧性最低的是采用层流冷却生产的无Mo管线钢。而超快冷工艺应用在含Mo管线钢上力学性能达到了X80的标准。该结果说明，利用轧后超快冷完全可以实现无Mo管线钢X70的生产，大大降低了生产成本。超快冷为开发低成本X70管线钢和X70管线钢的升级轧制提供了一种新的思路。

6.4 本章小结

在实验室进行了船板钢的轧制实验，采用两阶段控制轧制，研究了轧后采用不同冷却方式、出超快冷温度以及终冷温度对实验钢力学性能和显微组织的影响；同时，针对无Mo和含Mo管线钢，对比了UFC和ACC两种冷却方式下的组织和性能。通过比较各工艺条件下的结果得出以下结论：

（1）实验船板钢轧后采用层流冷却，最终组织为多边形铁素体和珠光体；采用超快冷技术以后，实验钢组织中出现了低温相变组织针状铁素体、贝氏体。超快冷技术可以充分利用细晶强化、相变强化、位错强化等强化手段，提高钢材的强韧性。

（2）实验船板钢轧后采用相同的冷却方式，随着终冷温度的降低，软相组织减少、硬相组织增多，使得实验钢的强度升高，伸长率降低。

（3）实验船板钢轧后采用超快冷技术，随着 UFC 终止温度的降低，PF 含量逐渐减少且晶粒更为细小，AF 含量增多，使得实验钢的屈服强度和抗拉强度均升高，但伸长率降低。

（4）实验船板钢在轧后单纯采用 ACC 冷却，力学性能满足 315MPa（AH32 ~ FH32）级别船板钢的要求。当实验钢在轧后采用 UFC 工艺时，得到轧件的力学性能最高达到了 FH460 级别的要求，实现了船板钢力学性能的升级。

（5）超快冷使晶界取向差大于 15°的有效晶粒尺寸得到了细化，采用超快冷工艺生产的低成本无 Mo 管线钢强韧性略高于传统工艺生产的含 Mo 管线钢。

（6）超快冷可实现 X70 管线钢的无 Mo 化成分设计，并使含 Mo 管线钢 X70 力学性能升级至满足 X80 管线钢的要求。

7 该研究结果在工业现场的应用简介

7.1 超快冷应用之性能升级（含 Nb 船板）

采用 UFC + ACC 的冷却路径控制策略来进行船板 AH32 升级 AH36 的调试实验。工艺要点：（1）精确控制 UFC 终止温度和返红温度；（2）终轧温度不低于 900℃以保证表面质量。

AH32 升级轧制工艺进行了多次现场调试和生产。表 7-1 和表 7-2 分别给出了工业调试的化学成分和实验结果，其中板坯厚度规格为 20～30mm。

表 7-1　实验钢化学成分（质量分数,%）

熔炼号	C	Si	Mn	P	S	Nb	Ti	Als
116D2193	0.1～0.13	0.165	1.0～1.3	0.018	0.005	0.037	0.012	0.034

表 7-2　实验钢力学性能

批　号	拉　伸			KV2/J			
	R_{eH}/MPa	R_m/MPa	A/%	1	2	3	平均值
7480	391	506	29.5	251	257	262	257
7482	425	538	21.5	226	251	236	238
7483	382	503	23	269	264	258	264
7484	412	517	24	239	224	197	220
7485	409	523	26.5	273	289	287	283
7486	405	522	23	137	113	126	125
7488	404	514	25.5	260	290	187	246

图 7-1 给出了批号 7480 所对应的表面金相组织。可以看出，表面出现了部分准多边形铁素体，该组织使得强度和塑性得到显著提高。所获得的力学性能完全能够满足 AH36 的要求。且工艺稳定性较高，吨钢节约成本 100 元。

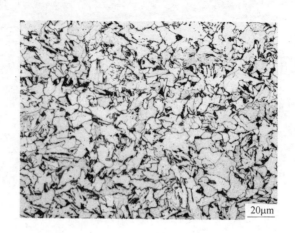

图 7-1 批号 7480 所对应的表面金相组织

7.2 超快冷应用之成本减量化（含 Nb 管线钢）

在国内某 2250 现场利用超快冷开发了低成本 X70 管线钢。与传统 X70 管线钢相比，大幅度降低了钢中 Mo 的添加量。实验钢化学成分为 C 0.03% ~ 0.07%；Mn 1.2% ~ 1.7%；Nb + Ti + Cr < 0.25%；Mo 0.05%。

表 7-3 给出了实验钢的力学性能。

表 7-3 管线钢的力学性能

钢卷号	UFCT/℃	屈服强度/MPa	抗拉强度/MPa	伸长率/%	冲击功/J	DWTT	硬度
1A10275500	650 ~ 750	560 545	665 660	35 35	285,289,294	80,80,80	214
1A10275600	650 ~ 750	530 485 580 580	630 640 675 675	34 36.5 38 37	320,347,331	85,90	216
1A10275700	650 ~ 750	560 580	685 680	34.5 35	301,294,328	85,85	234
1A10275800	650 ~ 750	560 580	685 680	34.5 35	301,294,328	85,85	234

结果表明，采用 UFC 后力学性能均满足要求，且强度得到了提高，卷取温度可提高 30 ~ 90℃。图 7-2 给出了 1A10275700 工艺所对应的金相组织照片。

由图 7-2 可以看出，实验钢组织以细小的铁素体 + 贝氏体组成。在随后

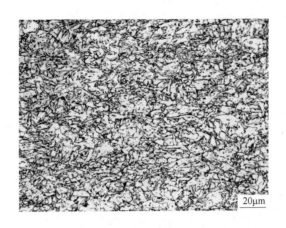

图 7-2　金相组织照片

的调试和批量生产的 X70 管线钢，逐步取消了钢中 Mo 的添加，最大程度降低了生产成本，吨钢节约成本 300 元以上。同时将超快冷技术应用到 X80 ~ X100 管线钢中，也取得了良好的效果。

7.3　超快冷应用之低负荷快节奏轧制（含 Nb 汽车大梁钢）

在国内某 2250mm 现场采用超快冷进行了 510L 试轧，规格为 4.8mm × 1500mm，实验钢的化学成分如表 7-4 所示。

表 7-4　实验钢化学成分（质量分数,%）

钢卷号	C	Si	Mn	Nb	Ti	Al	P	S
0504903201010	0.05 ~ 0.08	0.2828	1.0 ~ 1.3	0.017	≤0.02	0.0376	0.0149	0.0023

表 7-5 给出了主要工艺参数对比情况。图 7-3 给出了采用超快冷新工艺所对应的金相组织。

表 7-5　主要参数对比

冷却方式	终轧温度/℃	卷取温度/℃	穿带速度/m·s^{-1}	抗拉强度/MPa	伸长率/%	屈强比	成品厚度/mm
常规 ACC	850	550	5.11 ~ 6.27	535	30.5	0.8598	4.8
	850	550	5.11 ~ 6.27	540	31.5	0.8333	4.8
	850	550	4.3 ~ 5.33	540	27.5	0.9074	5.75
	850	550	4.3 ~ 5.33	540	28.5	0.8888	5.8
	840	550	3.81 ~ 4.6	525	30	0.8762	7.8
UFC + ACC	910	555	9.56 ~ 10.13	537.5	33.5	0.8372	4.8

由表7-5可以看出，采用 UFC + ACC 的冷却路径控制方式，在保持化学成分相同的前提下，在卷取温度相同时，提高终轧温度60℃，大大降低了轧机负荷；穿带速度提高75%以上，提高了轧制节奏；抗拉强度并没有下降，且伸长率提高2%～6%，屈强比较低。从图7-3中可以看出，组织由铁素体和少量珠光体构成。

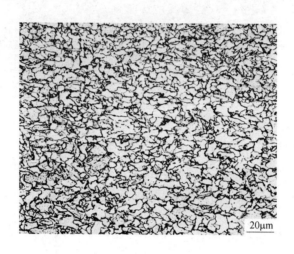

图7-3　实验钢金相组织

7.4　本章小结

工业化生产结果表明，超快冷实现了含 Nb 船板钢 AH32 升级 AH36；实现了含 Nb 高钢级管线钢无/少 Mo 的成分设计，降低了生产成本；实现了含 Nb 汽车大梁钢的高温、低负荷、高效率轧制。

8 结 论

本研究以典型低 C 含 Nb 钢为研究对象，进行了超快冷条件下含 Nb 钢的析出行为机理及模型研究。取得了以下主要创新性结论：

（1）研究了实验钢的动态软化行为并建立的高精度的数学模型；确定了不同道次间隔时间条件下的未再结晶温度 T_{nr}，并给出了其随道次间隔时间的变化规律，确定了 Nb 在奥氏体中最易析出温度约为 910℃ 左右。

（2）变形后，相变前采用较大的冷却速率可以抑制奥氏体的再结晶，将变形后的硬化奥氏体保留至相变前，从而能够为铁素体相变提供更多的形核位置，起到细化相变后晶粒的作用。

（3）确定了实验钢的 CCT 曲线，实验钢变形后分别模拟超快冷（40℃/s）和层流冷却（10℃/s），在 680℃ 保温时，随保温时间的延长，PF 含量均增多，但以 40℃/s 冷却时 PF 含量增加较快；在 600℃ 保温时，40℃/s 冷速下获得的组织为 AF + B，而 10℃/s 冷速下为 PF + AF + B；这说明大冷速抑制了 PF 相变，有利于低温相变组织的获得。

（4）实验钢变形后采用两段式冷却，当前段冷速达到 30℃/s 时，继续增大冷速，对最终相变组织影响不大。

（5）超快冷可抑制 Nb 在奥氏体中析出；超快冷至铁素体或贝氏体相区，随着保温时间的延长，析出相粒子密度增加，体积分数增多，析出粒子尺寸增大；随着超快冷终冷温度的降低，析出粒子密度先增加后减小，析出体积分数逐渐减小，析出物尺寸逐渐减小。

（6）考虑 Nb 在铁素体相区的固溶度积和扩散系数，建立了全新的超快冷条件下含 Nb 钢的析出动力学数学模型，模型精度较高。超快冷条件下，$Nb(C,N)$ 在铁素体中析出时最大形核率温度为 620℃，最快沉淀析出温度为 700℃。

（7）实验船板钢轧后采用层流冷却，最终组织为多边形铁素体和珠光体；采用超快冷技术以后，实验钢组织中出现了低温相变组织针状铁素体、贝氏体。超快冷技术可以充分利用细晶强化、相变强化、位错强化等强化手段，提高钢材的强韧性。

（8）对于 X70 级管线钢，超快冷使晶界取向差大于 15° 的有效晶粒尺寸得到了细化，采用超快冷工艺生产的低成本无 Mo 管线钢强韧性略高于传统工艺生产的含 Mo 管线钢。

（9）该研究成果在工业现场实现了应用。实现了含 Nb 船板钢 AH32 升级 AH36；实现了含 Nb 高钢级管线钢无/少 Mo 的成分设计，降低了生产成本；实现了含 Nb 汽车大梁钢的高温、低负荷、高效率轧制。

参 考 文 献

[1] 邓天勇，吴迪，许云波，等. 低碳钢组织性能的柔性化轧制研究[J]. 钢铁，2008，43（1）：58～63.

[2] 于蕾. 高强度低碳贝氏体钢 JG700 的轧制工艺与组织性能研究[D]. 济南：山东大学，2006.

[3] 小指军夫. 控制轧制控制冷却——改善钢材材质的轧制技术发展[M]. 李伏桃，陈岿，译. 北京：冶金工业出版社，2002.

[4] Hong S C，Lee K S. Influence of deformation induced ferrite transformation on grain refinement of dual phase steel[J]. Materials Science and Engineering A，2002，323(1-2)：148～159.

[5] Lee J S，Seo D H，Choi J K，et al. Effect of steel composition on enhancement of strain-induced dynamic transformation[C]. Proceeding of the 4th Workshop on HIPERS-21，2002：147～150.

[6] Um K K，Choi J K and Choo W Y. Mechanical properties of dual phase steel containing strain-induced dynamically transformed ferrite[C]. Proceeding of the 4th Workshop on HIPERS-21，2002：151～154.

[7] Hillert M. 合金扩散和热力学[M]. 赖和怡，刘国勋，译. 北京：冶金工业出版社，1984.

[8] Liu W J，Jonas J J. Nucleation kinetics of Ti carbonitride in microalloyed austenite[J]. Metallurgical Transaction A，1989，20(4)：689～697.

[9] 张红梅，刘相华，王国栋. 采用低温急冷大压下细化铁素体组织[J]. 东北大学学报（自然科学版），2001，22(4)：431～434.

[10] 王占学. 控制轧制与控制冷却[M]. 北京：冶金工业出版社，1988.

[11] 朱伏先，李艳梅，刘彦春. 控轧控冷条件下 Q345 中厚板的生产工艺研究[J]. 钢铁，2005，40(5)：32～33.

[12] 徐匡迪. 20 世纪——钢铁冶金从技艺走向工程科学[J]. 稀有金属材料与工程，2001，30：10～19.

[13] Hiroshi K. Production and technology of iron and steel in Japan during 2005[J]. ISIJ International，2006，46(7)：939～958.

[14] Houyoux C，Herman J C，Simon P，et al. Metallurgical aspects of ultra fast cooling on a hot strip mill[J]. Revue de Metallurgie，1997，97：58～59.

[15] 王国栋，刘相华，孙丽钢，等. 包钢 CSP "超快冷" 系统及 590MPa 级 C-Mn 低成本热轧双相钢开发[J]. 钢铁，2008，43(3)：49～52.

[16] Eghbali B，Abdollah-Zadeh A. Influence of deformation temperature on the ferrite grain refinement in a low carbon Nb-Ti microalloyed steel[J]. Journal of Materials Processing Technology，

2006，180(1-3):44～48.

[17] Suh D W, Oh C S, Kim S J. Limit of ferrite grain refinement by severe plastic deformation of austenite[J]. Metallurgical and Materials Transaction A, 2005, 36A(4):1057～1060.

[18] Kasper R, Distl J S, Pawelski O. Extreme austenite grain refinement due to dynamic recrystallization[J]. Steel Research, 1988, 59(9):421～425.

[19] Eghbali B, Abdollah-Zadeh A. Deformation-induced ferrite transformation in a low carbon Nb-Ti microalloyed steel[J]. Materials and Design, 2007, 28(3):1021～1026.

[20] 王国栋. 以超快冷为核心的新一代 TMCP 技术[J]. 上海金属, 2008, 30(2):1～5.

[21] Aurelie L, Pierre S, Guillaume B, et al. Metallurgical aspects of ultra fast cooling in front of the down-coiler[J]. Steel Research Int, 2004, 75(2):139～146.

[22] Herman J C. Impact of new rolling and cooling technologies on thermomechanically processed steels[J]. Ironmaking and Steelmaking, 2001, 28(2):159～163.

[23] Okaguchi S, Hashimoto T. Computer model for prediction of carbonitride precipitation during hot working in Nb-Ti bearing HSLA steels[J]. ISIJ International, 1992, 32(3):283～290.

[24] Samoilov A, Buchmary B, Cerjak H. A thermodynamic model for composition and chemical driving force for nucleation of complex carbonitrides in microalloyed steel[J]. Steel Research, 1994, 65(7):298～304.

[25] Robson J D. Modelling the overlap of nucleation, growth and coarsening during precipitation [J]. Acta Materialia. 2004, 52: 4669～4676.

[26] Medina S F, Quispe A. Influence of strain on induced precipitation kinetics in microalloyed steels[J]. ISIJ International, 1996, 36(10):1295～1300.

[27] 雍岐龙. 钢铁材料中的第二相[M]. 北京：冶金工业出版社, 2006: 384～385.

[28] 付俊岩. Nb 微合金化和含铌钢的发展及技术进步[J]. 钢铁, 2005, 40(8):1～6.

[29] 翁宇庆. 超细晶钢的组织细化理论与控制技术[M]. 北京：冶金工业出版社, 2003: 38～39.

[30] 周玉红, 王祖芳. 欧洲铌微合金的最新发展[J]. 宽厚板, 2001, 7(3):37～41.

RAL · NEU 研究报告

（截至 2015 年）

（2016 年待续）